NOTIONS ÉLÉMENTAIRES

D'AGRICULTURE

ET

D'HORTICULTURE

Ouvrage rédigé conformément aux programmes officiels
du 27 juillet 1882

PAR

A. BAROT

Professeur au Lycée Louis-le-Grand, Lauréat du Ministère de l'Agriculture, etc.

COURS ÉLÉMENTAIRE

PARIS

LIBRAIRIE CH. DELAGRAVE
15, RUE SOUFFLOT, 15

Le Livre de la Ferme et des Maisons de campagne, publié sous la
direction de M. Pierre Joigneaux, 2 forts volumes grand in-8 jésus,
brochés.

NOTIONS

ÉLÉMENTAIRES

D'AGRICULTURE ET D'HORTICULTURE

ANGERS. — IMPRIMERIE LACHESE ET DOLBEAU

NOTIONS

ÉLÉMENTAIRES

D'AGRICULTURE

ET

D'HORTICULTURE

*Ouvrage rédigé conformément aux programmes officiels
du 27 juillet 1885*

PAR

A. BAROT

Professeur au Lycée Louis-le-Grand,
Lauréat du Ministère de l'Agriculture.

COURS ÉLÉMENTAIRE

PARIS

LIBRAIRIE CH. DELAGRAVE

15, RUE SOUFFLOT, 15

1885

NOTIONS

ÉLÉMENTAIRES

D'AGRICULTURE & D'HORTICULTURE

PREMIÈRE LEÇON

L'Agriculture et l'Horticulture.

1. Autrefois, mes petits amis, dans cette école comme dans toutes les autres écoles primaires, on n'enseignait rien que la *lecture*, *l'écriture* et le *calcul*. Plus tard, on ajouta à ces enseignements celui de *l'histoire* et de la *géographie*. Enfin, à une date encore plus rapprochée, on a considérablement augmenté notre programme, qui comprend aujourd'hui bien des matières dont on ne s'occupait pas auparavant dans les écoles, et au nombre desquelles sont l'*agriculture* et l'*horticulture*.

ÉMILE. — Monsieur, qu'est-ce que l'*agriculture* et l'*horticulture* ?

— Je vais vous le dire, car nous allons commencer aujourd'hui même cette nouvelle étude.

Le mot *agriculture* vient de deux mots latins : *ager*, *agri*, qui signifie champ, et *cultura*, qui signifie culture.

L'*agriculture* est donc l'art de cultiver les champs.

Tous les hommes qui cultivent les champs font de l'*agriculture* et s'appellent *agriculteurs* ou *cultivateurs*.

L'*horticulture* (du latin *hortus*, *horti*, signifiant jardin) est l'art de cultiver les jardins.

On nomme *horticulteurs* les hommes qui s'occupent particulièrement de cette culture.

Cette année, nous devons nous occuper d'*horticulture* seulement.

Le programme du cours élémentaire, auquel vous appartenez, dit : *Premières leçons dans le jardin de l'école.*

Aussi, nous transporterons-nous dans mon jardin, par la pensée, et même réellement quand il sera nécessaire.

Le Jardin.

2. Qu'appelle-t-on jardin, Octave ?

Fig. 1. — Le jardin.

OCTAVE. — Le *jardin* (fig. 1) est un terrain dans lequel on cultive les *légumes* ou *plantes potagères*, comme les *choux*, les *salades*, les *oignons*, le *céleri*, les *carottes*, les *navets*.

ANDRÉ. — Puis des *pommiers*, des *poiriers*, des *pruniers*, des *fleurs*.

— C'est bien là, en effet, ce qui existe dans nos campagnes, où nous cultivons toutes ces plantes dans le même terrain ; mais on peut établir une division dans ce que, d'une manière générale, nous appelons *jardin*.

Alphonse, qui accompagne souvent son père, jardinier, au château, où cette division est bien faite, va nous l'apprendre.

Voyons, Alphonse, quels noms particuliers donne-t-on aux différents *jardins* du château ?

ALPHONSE. — Il y a le *potager* ou *jardin légumier*, dans lequel on cultive les *plantes potagères* ou *légumes* ; le *jardin fruitier*, où se trouvent les *arbres fruitiers* que l'on taille tous les ans ; le *verger*, où sont les *arbres en plein vent* que l'on ne taille pas, et le *jardin d'agrément*, où l'on met les fleurs.

Voilà les noms que papa donne aux différents jardins du château.

— C'est cela même. Mais cette division n'existe pas partout.

ADRIEN. — Non, Monsieur. Elle n'existe pas chez nous, où il y a un seul jardin renfermant à la fois les *arbres fruitiers*, les *légumes* et les *fleurs*.

— Oui, le plus souvent dans les fermes et dans presque toutes les propriétés de la campagne, les cultures que nous venons d'énumérer sont réunies dans le même enclos, c'est-à-dire dans le même terrain.

C'est ce qu'on appelle un *jardin mixte*. Tel est le mien.

GUSTAVE. — Monsieur, que veut dire le mot *mixte* ?

— C'est un adjectif qui signifie « composé de plusieurs choses de nature différente ». De là le nom de *jardin mixte* pour désigner celui dans lequel on cultive à la fois des légumes, des arbres et des fleurs.

Ce que l'on cherche surtout à la campagne, c'est d'avoir des légumes et des fruits.

On s'occupe très peu des *plantes d'agrément* qui ne rapportent rien ou presque rien, excepté dans le voisinage des grandes villes où les fleurs se vendent facilement.

Peu de familles possèdent un jardin dans les villes importantes.

Nous nous occuperons successivement du *potager*, du *verger*, du *jardin fruitier* et du *jardin d'ornement* ou *d'agrément* ; mais, avant tout, il nous faut revenir un peu en arrière pour compléter ce qu'a dit Alphonse il y a un instant.

L'*horticulture* comprend plusieurs parties.

Quand un homme s'occupe spécialement de la culture des arbres, comme le père François de Chaunay, on dit qu'il fait de l'*arboriculture* (du latin *arbor*, qui veut dire arbre). Aussi appelle-t-on le père François un *arboriculteur*.

Celui qui ne s'occupe que des fleurs est un *jardinier-fleuriste*.

Enfin, le nom de *jardinier* s'applique, en général, à tous ceux qui s'occupent particulièrement d'*horticulture* ou de *jardinage*.

La culture en grand des *plantes potagères* ou *légumes* se nomme encore *culture maraîchère*, parce qu'elle est souvent pratiquée dans des *marais* plus ou moins complètement desséchés.

Jacques. — Monsieur, qu'appelle-t-on *marais* ?

On appelle *marais* un terrain non cultivé, en partie

couvert d'eau qui ne peut s'écouler ou qui ne s'écoule que difficilement.

Aujourd'hui, on donne encore ce nom à un terrain bas dans lequel on cultive des légumes. C'est ce qu'on appelle un *jardin maraîcher* (fig. 2).

Fig. 2. — Vue d'ensemble d'un jardin maraîcher.

Aussi nomme-t-on *maraîchers* les jardiniers qui s'occupent de la culture des légumes.

RÉSUMÉ. — L'agriculture est l'art de cultiver les champs, et l'horticulture, l'art de cultiver les jardins.

Un jardin est un terrain dans lequel on cultive des légumes ou plantes potagères, des arbres fruitiers, des fleurs.

Le potager ou jardin légumier est celui où l'on cultive les plantes potagères ou légumes; le jardin fruitier renferme les arbres que l'on taille tous les ans; le verger renferme les arbres fruitiers en plein vent, c'est-à-dire que l'on ne taille pas; enfin, on appelle jardin d'agrément ou d'ornement celui dans lequel on cultive les fleurs.

1.

Un jardin dans lequel toutes les cultures sont réunies est un jardin mixte.

La culture des arbres fruitiers se nomme arboriculture, et la culture en grand des plantes potagères s'appelle culture maraîchère.

QUESTIONNAIRE. — Qu'est-ce que l'agriculture ? — Comment appelle-t-on les hommes qui cultivent les champs ? — Qu'est-ce que l'horticulture ? — Comment s'appellent les hommes qui font de l'horticulture ? — Qu'appelle-t-on jardin ? — Nommez les différents jardins que vous connaissez ? — Donnez la définition de chacun de ces différents jardins ? — Qu'est-ce qu'un jardin mixte ? — Où la culture des plantes d'agrément est-elle le plus avantageuse ? — Qu'est-ce que l'arboriculture ?— Qu'appelle-t-on culture maraîchère ?

DEUXIÈME LEÇON

Choix de l'emplacement d'un jardin.

Un jardin doit être bien exposé au soleil.

3. Presque toujours on trouve son jardin établi ; il n'y a plus qu'à l'entretenir ; mais lorsqu'on veut en établir un, il faut choisir un emplacement convenable.

Qu'arrive-t-il lorsque des pommes de terre (fig. 3) poussent dans une cave ou dans tout autre lieu sombre ?

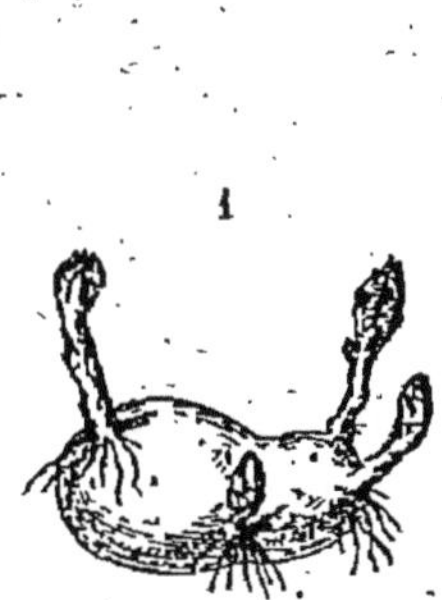

Fig. 3. — Pommes de terre. — 1. Pousse verte ; 2. Pousse étiolée.

LUCIEN. — Les pousses deviennent très longues ; mais elles sont *grêles* et *blanches*.

— Que manque-t-il donc à ces pommes de terre

pour émettre des branches vertes et robustes comme font celles qui poussent dans les jardins ou dans les champs ?

Lucien. — De la lumière, sans doute, Monsieur.

— Parfaitement. Les plantes ont besoin de lumière pour devenir robustes.

Qu'avez-vous remarqué dans un coin de mon jardin, sous le gros pommier en plein vent ?

Paul. — Les *choux de village* (fig. 4) qui s'y trouvent sont très hauts, mais ils n'ont pas de gros *trognons*.

— C'est bien cela. Les choux plantés sous le pommier sont plus hauts que les autres, mais moins gros, moins robustes. Ils n'ont pas trouvé là tout ce dont ils avaient besoin. L'arbre les a couverts de son ombre ; la lumière bienfaisante du soleil leur a manqué.

Il faut donc choisir, pour établir un jardin, un terrain bien exposé au soleil ; éviter par conséquent le voisinage des arbres ou des bâtiments élevés, et préférer à toute autre exposition celle du midi.

Le soleil n'est pas seulement bienfaisant par sa lumière ; il l'est encore par sa chaleur.

Un jardin doit être dans une bonne terre.

4. Le sol. — Un deuxième soin, non moins important que le premier, est de rechercher, pour l'établissement d'un jardin, une bonne terre, capable de produire d'abondantes récoltes.

La couche de terre que l'on remue soit avec la bêche, soit avec d'autres outils, s'appelle *sol*, ou encore *couche arable* ou *végétale*. Celle-ci, étant le milieu dans lequel se développent les racines de la plupart des plantes,

Fig. 4. — Chou vert frisé de Flandre.

des légumes en particulier, doit être assez profonde ;
sinon les plantes n'y viennent pas bien.

Si elle n'est pas assez profonde, il est bon de *défoncer le terrain*.

ÉLIE. — Monsieur, que veut dire *défoncer le terrain*?

— Cela veut dire le remuer profondément à l'aide

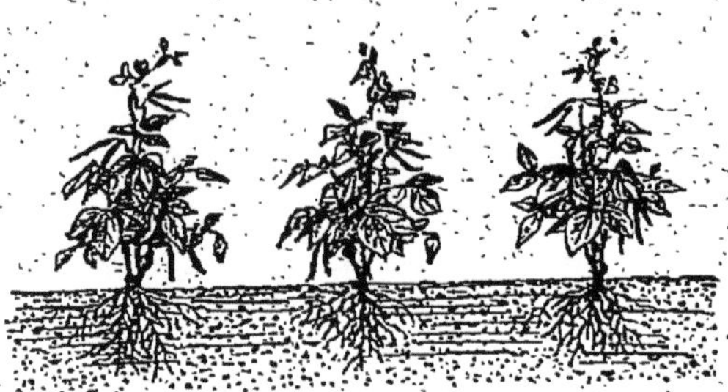

Fig. 5. — Coupe verticale de la couche arable montrant la disposition des racines dans le sol.

d'outils plus forts que la bêche, comme la pioche, par exemple, pour que les racines (fig. 5) puissent y pénétrer.

5. Le sous-sol. — La *couche de terre* non remuée, et située immédiatement au-dessous du *sol*, se nomme *sous-sol*.

On doit aussi avoir égard à la nature de celui-ci. S'il est formé d'*argile* ou *terre grasse*, il est *imperméable*, c'est-à-dire qu'il empêche l'eau de pénétrer plus profondément dans la terre ; et l'eau, maintenue autour des racines des plantes, devient nuisible et les fait pourrir.

Au contraire, un *sous-sol perméable* laisse passer l'eau, et alors la pourriture n'est plus à craindre. Il faut donc rechercher un *sous-sol perméable*.

Un jardin doit être à proximité de l'eau.

6. Pendant les dernières vacances, Alfred est allé passer huit jours chez sa tante, à Versailles. Il s'y est bien amusé, paraît-il, bien que la chaleur fût un peu forte. Mais quelle déception à son retour !

Figurez-vous qu'au moment de partir, Alfred avait planté un beau fraisier, que lui avait donné Mme Bonnet. A son retour, quel chagrin ! il l'a trouvé mort, et bien mort ! (Fig. 6.)

Jacques. — Monsieur, c'est probablement parce qu'il n'avait pas été arrosé pendant l'absence d'Alfred ?

— Justement. Eh bien ! que faut-il encore rechercher pour établir un jardin ?

Pierre. — Un endroit où il y a toujours de l'eau.

Fig. 6. — Fraisier. — 1. La plante ayant suffisamment d'eau ; 2. la plante ayant manqué d'eau.

— Parfaitement. S'il est possible, on doit établir son jardin à proximité de l'eau, près du puits, de la mare, de la rivière, etc. Encore ne faudrait-il pas qu'il fût trop éloigné de la maison : car on a souvent besoin d'y aller chercher quelque chose, et la ménagère a tant d'occupations !

Puisque vous avez bien écouté, Alphonse, dites-nous quelles conditions il faut rechercher pour l'établissement d'un jardin.

Alphonse. — Monsieur, un jardin doit être bien

exposé au soleil, au midi, établi dans une bonne terre, à proximité de l'eau et de la maison.

— C'est cela même.

Différentes natures de sols.

7. Le sol n'est pas partout le même.

Dans certains endroits, la terre s'attache facilement aux pieds, comme dans mon jardin. C'est une *terre grasse* ou *argileuse*. Elle conserve bien la fraîcheur, ce qui est avantageux pendant les grandes chaleurs de l'été ; mais elle a aussi l'inconvénient de s'échauffer difficilement au printemps, ce qui fait qu'en cette saison mes plantes sont toujours en retard.

Dans d'autres jardins, dans celui de M. le maire, par exemple, la terre ne prend jamais aux pieds ni à la bêche : c'est une *terre sableuse*. Elle est beaucoup plus facile à cultiver que celle de mon jardin. Elle s'échauffe vite au printemps, mais elle se dessèche rapidement en été. Aussi faut-il y faire de fréquents arrosages.

La *terre sableuse* ou *siliceuse* est encore dite *légère*. Il en est de même de la *terre calcaire*.

Certaines plantes s'accommodent de tous les *terrains* ; mais d'autres réclament ou l'*argile*, ou le *sable*, ou le *calcaire*.

On reconnaît ce dernier en versant dessus un *acide*, du *vinaigre*, par exemple. Il se produit alors un *bouillonnement*. C'est ce qu'on appelle *faire effervescence* (fig. 7).

Le même phénomène a lieu quand on met de la craie dans du vinaigre. Voyez plutôt les bulles ou petits ballons qui montent du fond de ce verre rempli de ce liquide, et dans lequel je viens de jeter un morceau de craie, qui n'est que du calcaire.

Fig. 7. — Effervescence : A, Vinaigre ; B, Craie ; C, Baguette pour agiter ; D, Bulles montées à la surface du liquide.

Un *sol* ne renfermant qu'un de ces trois éléments, *argile*, *sable* ou *calcaire*, serait complètement *stérile*.

Maurice. — Monsieur, qu'est-ce que c'est qu'un *sol stérile ?*

— C'est celui qui ne produit absolument rien.

On l'appelle encore *infertile*, donnant le nom de *fertile* à celui qui produit d'abondantes récoltes.

Le meilleur *sol* est celui où ces trois éléments, *argile*, *calcaire* et *sable*, se rencontrent ensemble dans des proportions convenables.

Ce mélange constitue ce que l'on appelle la *terre franche*, la meilleure de toutes.

Un bon sol renferme beaucoup de *terreau*, de cette bonne terre, plus ou moins noire, qui se trouve sous les feuilles dans les bois.

Résumé. — La lumière étant indispensable au développement des plantes, le jardin doit être bien exposé au soleil. Il faut aussi l'établir dans une bonne terre.

La couche arable ou sol doit être profonde pour que les plantes à longues racines puissent croître à leur aise. Au-dessous du sol se trouve le sous-sol.

Un bon sous-sol est celui qui laisse pénétrer l'eau profondément dans la terre. On dit alors qu'il est perméable. L'eau est nécessaire et même indispensable aux plantes; aussi est-il bon d'établir le jardin à proximité de l'eau.

Il y a plusieurs natures de sols ; ce sont : le sol argileux qui conserve sa fraîcheur et s'échauffe difficilement au printemps; les sols sableux et calcaire, qui s'échauffent vite et se dessèchent promptement.

On appelle terre franche une terre composée d'argile, de sable et de calcaire dans des proportions convenables. La terre franche constitue le meilleur des sols.

QUESTIONNAIRE. — Qu'arrive-t-il quand la lumière du soleil manque aux plantes ?—Quel soin doit-on apporter dans le choix de l'emplacement d'un jardin ? — Qu'est-ce que la couche arable ? — Quelles conditions la couche arable doit-elle remplir ? — Qu'entendez-vous par défoncer le terrain ? — Qu'est-ce qui se trouve immédiatement au-dessous de la couche arable ou sol ? — Que doit être le sous-sol ?— Quels soins réclament la plupart des plantes du jardin durant les fortes chaleurs ? — Le jardin doit-il être à proximité de l'eau ? — Pourquoi ? — Quelles natures de sols connaissez-vous ? — Quels sont les avantages et les inconvénients de chacun de ces sols ? — Qu'entendez-vous par terre franche ? — Qu'est-ce que le terreau ?

TROISIÈME LEÇON

Le jardin doit être clos.

8. Vous connaissez tous des jardins. Dites-moi donc si on les laisse sans être séparés des champs et des chemins.

AUGUSTE. — Non, Monsieur. On les *clôt* bien, au contraire, pour empêcher les animaux d'y pénétrer.

— Et comment sont faites les *clôtures* ? (Fig. 8.)

Fig. 8. — Clôtures en bois.

CHARLES. — Quelquefois ce sont des murs; d'autres fois, des *buissons* qui forment des *haies*.

— Parfaitement. Les *clôtures* ont pour but d'arrêter non seulement les animaux, comme l'a dit Auguste tout à l'heure, mais aussi les maraudeurs.

LOUIS. — Qu'est-ce que c'est que des maraudeurs ?

— Ce sont des gens qui viennent enlever les récoltes des jardins, de véritables voleurs. Ainsi, un petit garçon qui passerait dans le jardin du voisin pour y prendre des fruits serait un maraudeur.

La meilleure *clôture* pour un jardin est un *mur* ou un *treillage*, comme à celui de M. Champion.

Les *haies* ont l'inconvénient de nuire aux plantes cultivées. Pour les empêcher de nuire par leur ombre, on les taille; on coupe la tête des *buissons*, puis les branches qui poussent sur le côté. De cette manière, la *haie* est ramenée à la forme d'un *mur*.

Malgré cela, elle nuit encore par ses racines.

Disposition du jardin.

9. Marche-t-on partout au hasard dans le jardin ?

Fig. 9. — Vue d'ensemble d'un jardin divisé en carrés.

ANTONIN: — Non, Monsieur. Il y a des *allées* (fig. 9).

— Et comment appelez-vous les parties du jardin séparées les unes des autres par les *allées ?*

ANTONIN. — On les appelle des *carrés.*

— Oui. Les *carrés* sont à leur tour divisés en morceaux de terre plus petits par des allées plus étroites appelées *sentiers,* qui permettent de passer pour arroser ou pour donner d'autres soins aux plantes sans les écraser.

Comment nomme-t-on ces divisions des *carrés ?..*

Vous gardez tous le silence ! Alors je vais vous tirer d'embarras. On leur donne le nom de *planches.*

Les parties de terre voisines des *allées,* et dans lesquelles on met généralement des fleurs, se nomment *plates-bandes.*

Les allées sont sablées.

10. La semaine dernière qu'il pleuvait et ventait, le chapeau de Marcel fut emporté par le vent dans le jardin.

Marcel courut aussitôt après, suivi de Charles.

Il revint avec ses sabots couverts de terre, de boue, comme vous disiez. Ceux de Charles étaient propres relativement.

Pourquoi cette différence ?

CHARLES. — Monsieur, c'est parce que j'étais resté dans l'allée couverte de sable, tandis que Marcel s'était avancé dans un carré pour attraper son chapeau.

— C'est cela même. Alors, pourquoi met-on du sable dans les allées ?

MAURICE. — C'est pour qu'on puisse y passer sans se salir par un temps de pluie.

— Oui. Quand la terre est bien mouillée, on enfonce

dedans; et elle s'attache aux chaussures, ce que ne fait pas le sable.

Labours ou béchages.

> Creusez, fouillez, béchez; ne laissez nulle place
> Où la main ne passe et repasse.

11. Pensez-vous que si je voulais *bécher* tout mon jardin, les *allées* comme les *carrés*, ce serait partout également facile ?

GEORGES. — Non, Monsieur. Ce serait dur dans les *allées*, car on y passe toujours sans presque jamais les *labourer*.

— C'est juste. La terre y est beaucoup plus tassée que dans les *carrés*. Ceux-ci sont *labourés* une, deux et même trois fois par année. En un mot, on les *bêche* chaque fois qu'on veut leur confier une plante nouvelle.

Le *béchement* ou *labour* a pour but d'*ameublir* la *couche arable* dans laquelle s'enfoncent les racines des plantes.

Grâce à l'*ameublissement*, l'air, indispensable au développement des végétaux, pénètre dans toutes les parties du *sol*.

De quoi se sert-on pour *labourer* le jardin ?

MUSY. — Monsieur, on se sert de la *bêche* (fig. 10).

— Et qu'appelez-vous ainsi ?

MUSY. — Un instrument formé d'un *fer aplati et tranchant*, et muni d'un

Fig. 10. — Bêche.

manche en bois que l'on tient avec les deux mains pour travailler.

— Parfaitement. Mais vous avez bien vu un jardinier à l'ouvrage : dites-nous comment on s'y prend pour bêcher.

Musy. — On enfonce tout le *fer* dans la terre pour détacher une *motte* que l'on jette en avant.

— Bien. Si la force des bras n'est pas suffisante pour introduire tout le *fer de bêche* dans la terre, on pose le pied dessus, et l'on appuie pour l'enfoncer.

On soulève alors la *motte* détachée. De plus, on la retourne de manière que la partie supérieure se trouve en dessous.

Dans les terres légères, la *motte* s'émiette à peu près d'elle-même ; mais dans les *terres fortes* ou *argileuses* il faut l'émietter à l'aide du tranchant de la bêche.

Quelle forme a le manche d'une bêche ?

François. — Il est tout droit.

— Oui. Il diffère ainsi de celui de la *pelle*, qui est généralement recourbé.

Quelques instruments de jardinage.

12. La bêche n'est pas le seul instrument de *jardinage*.

En connaissez-vous d'autres, Alphonse, vous qui accompagnez souvent votre père dans le jardin du château ?

Alphonse. — Oui, Monsieur. Il y en a un certain nombre : la *pioche*, le *hoyau*, le *râteau*, la *houe*, la *binette* et la *ratissoire*.

— Parfaitement. Il serait trop long de vous faire la

description de tous ces outils. Je me contenterai donc de vous les montrer (fig. 11).

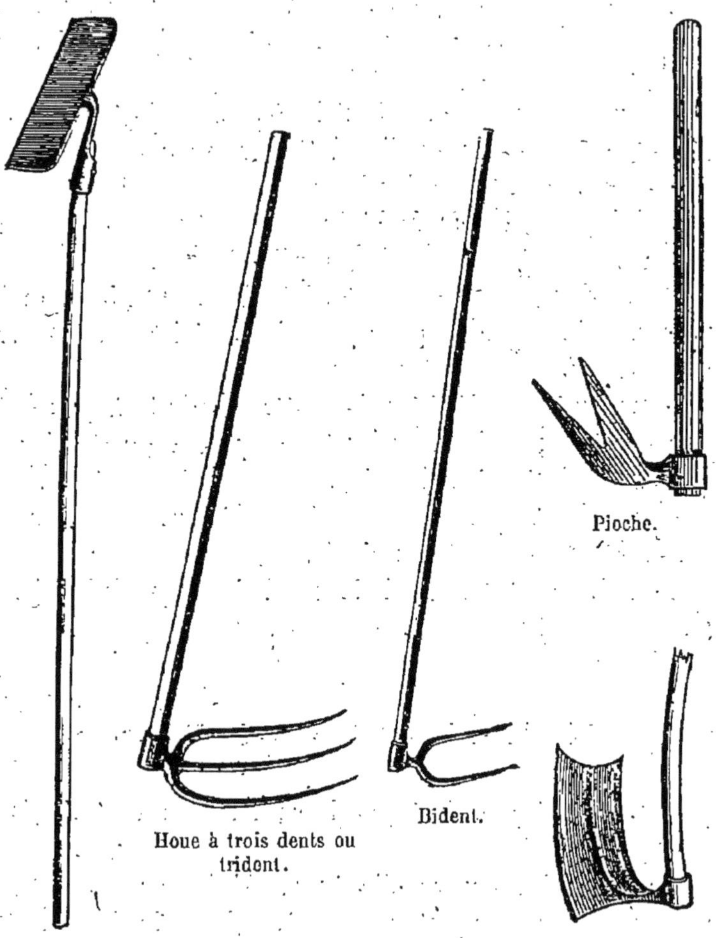

Fig. 11.

Il faut encore citer la *brouette* qui sert à transporter bien des choses, et rend ainsi des services continuels au jardinier.

RÉSUMÉ. — Le jardin doit être clos, c'est-à-dire séparé des chemins et des champs par des clôtures, murs, haies ou treillages, pour que les animaux ne puissent pas y pénétrer.

Pour la commodité du service, le jardin doit être divisé en carrés et en planches, séparés les uns des autres par des allées et par des sentiers.

On répand du sable dans les allées pour empêcher la terre de s'attacher aux chaussures.

Les carrés du jardin sont labourés chaque fois que l'on veut confier de nouvelles plantes à la terre. Pour cela, on se sert le plus souvent de la bêche.

Outre la bêche, le jardinier se sert encore de divers instruments de jardinage, dont les principaux sont : la pioche, le hoyau, le râteau et la houe.

QUESTIONNAIRE. — Laisse-t-on les jardins sans être séparés des champs et des chemins ? — Quels genres de clôtures sont préférables ? — Quel est l'inconvénient des haies ? — Comment doit-on disposer un jardin ? — Pourquoi fait-on des allées et des sentiers ? — Qu'appelle-t-on plates-bandes ? — Que met-on dans les allées pour qu'elles soient plus propres ? — Pourquoi bêche-t-on le jardin ? — Faites la description de la bêche. — Citez quelques autres instruments de jardinage.

La graine.

13. Dans les jardins comme dans les champs, une foule de plantes, les unes *nuisibles*, les autres *utiles*, poussent d'elles-mêmes et sans le secours de l'homme. Mais pour posséder les plantes que l'on désire avoir, il faut les *semer*, c'est-à-dire en répandre la *graine* sur le *sol*. C'est ce qu'on appelle faire le *semis*.

Fig. 12. — Bâtiment servant à serrer les outils. En haut, sacs de graines suspendus au plafond.

Vous savez déjà tous que la *graine* se trouve dans le fruit. Ainsi, les *graines* du haricot et du pois sont renfermées dans le fruit, appelé *gousse*.

Si l'on veut avoir quelques chances de bien réussir dans son *semis*, il faut choisir de la graine de bonne qualité.

Pour être bonne, la graine doit être bien mûre et prise sur des plantes robustes. De plus, elle doit avoir été conservée dans un endroit sec, au grenier, par exemple.

ALPHONSE. — Ah ! oui, Monsieur. Au château, papa a beaucoup de petits sacs pleins de graines, et suspendus au plafond, dans le bâtiment (fig. 12) où il met ses outils. Mais il ne faut pas garder les graines trop long-temps, parce qu'elles ne *germeraient pas*.

Papa, qui a soin d'indiquer sur chaque sac l'espèce de graine qu'il renferme, et l'année de la récolte, en a jeté un paquet au fumier, hier. Il a dit : « Ce sont des graines de chou de 1875 ; elles sont trop vieilles et ne pourraient plus *germer*. »

PAUL. — Que veut dire *germer* ?

— On dit qu'une graine *germe* quand elle donne naissance à une plante ; car retenez bien ceci : chaque graine renferme un végétal semblable à celui qui l'a produite.

Rappelez-vous aussi, chers amis, ce qu'Alphonse vient de nous dire, que les graines ne sont plus capables au bout d'un certain nombre d'années, variable suivant l'espèce, de *germer*, c'est-à-dire de produire une nou-velle plante.

Les semis.

14. La terre bien préparée avec la bêche ou tout autre instrument de jardinage, on *sème* les graines, on fait les *semis*.

Ceux-ci se font de deux manières : à la *volée* ou en *lignes*:

Pour *semer à la volée*, on répand avec la main, sur tout l'espace préparé, la *graine* ou *semence* que l'on recouvre de terre à l'aide d'un râteau.

ANDRÉ. — Je ne me rappelle pas bien comment cela est fait, un râteau.

— Alphonse, notre apprenti jardinier, lève la main ; c'est probablement pour vous en faire la description. Parlez, Alphonse.

ALPHONSE. — Le râteau (fig. 13) est composé de deux morceaux de bois. Le plus long, le *manche*, est fixé dans un trou percé au milieu de l'autre, qui est plus gros et plus court.

Ce dernier est muni de longues *dents* en bois ou en fer, et légèrement recourbées. Il y a aussi des râteaux qui sont tout en fer.

— C'est cela même. Le râteau sert à *ratisser* les allées pour en égaliser le sable et pour les nettoyer, et aussi à émietter la surface du sol de manière à la rendre meuble, puis à recouvrir les *graines* ou *semences*, comme nous l'avons déjà dit.

Le *semis en lignes* est ainsi appelé parce qu'on répand la semence en suivant des *lignes* tracées dans la terre. Voici comment on procède :

Pour tracer des lignes bien droites, on se sert généralement d'une *ficelle* tendue et fixée à ses deux extrémités ; c'est ce qu'on appelle un *cordeau* (fig. 14).

Fig. 13. — Râteau.

Fig. 14. — Cordeau tendu.

Au moyen de la *binette*, on creuse le long de la *ficelle* un sillon peu profond.

En transportant le *cordeau* de distance en distance, on creuse une suite de *sillons parallèles*, c'est-à-dire qui vont dans la même direction comme les lignes de vos cahiers.

Les *sillons* achevés, on y dépose la semence que l'on recouvre de terre à l'aide du *râteau* ou de la *binette*.

Quelquefois, les graines sont déposées dans des trous appelés *poquets*. Ceux-ci peuvent être faits avec le *plantoir* (fig. 15), qui est un morceau de bois pointu à un bout, ou avec un autre outil.

Fig. 15.
Plantoir.

Différentes sortes de semis.

15. Il y a plusieurs sortes de *semis*.

Les *semis* sont dits *sur place* quand les plantes doivent rester au lieu où elles sont nées, comme on le pratique pour les carottes, le chanvre, les haricots et les pois.

Ils sont dits en *pépinière* quand les plantes, arrivées à un certain développement, doivent être transplantées sur un autre espace pour s'y développer encore et mûrir. C'est ainsi que l'on procède pour les oignons, les choux, etc.

Les *semis en pépinière* sont encore appelés *semis sur couche* lorsqu'ils sont faits sur une mince couche de terre reposant sur du *fumier* ou des *feuilles sèches*.

La chaleur du *fumier* permet aux graines de *lever* rapidement, c'est-à-dire de *germer* promptement. De plus, on recouvre le tout de châssis vitrés comme les fenêtres de la classe.

La chaleur et la lumière bienfaisantes du soleil

2.

pénètrent au travers des carreaux, qui, cependant, protègent les plantes des atteintes du froid.

Germination.

16. Les graines mises en terre n'ont plus qu'à *germer* (fig. 16 et 17).

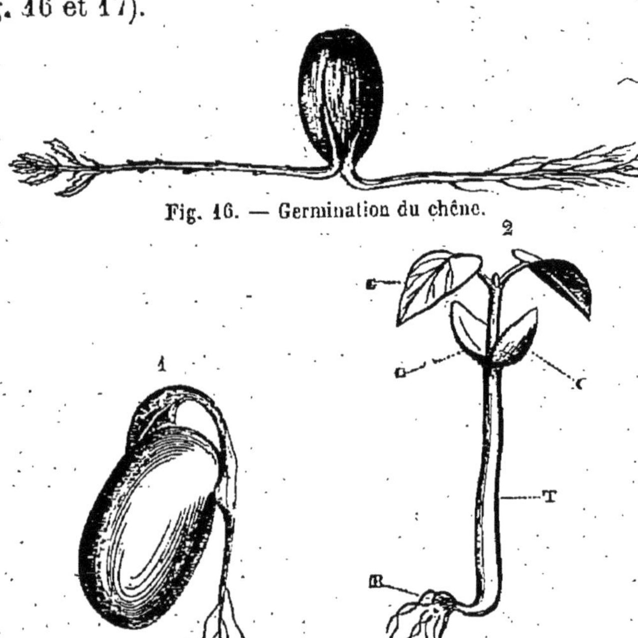

Fig. 16. — Germination du chêne.

Fig. 17. — Germination du haricot. — 1. Phase peu avancée. — 2. R, Racine ; T, Tige ; CC, Cotylédons ; F, Feuille.

En quoi consiste le phénomène de la *germination* ? Je vous l'ai déjà dit.

Raoul. — Il consiste dans le développement d'une toute petite plante que renferme la graine.

— Oui. Cette petite plante, en grandissant, perce l'enveloppe de la graine, qui la retenait prisonnière, et la *germination* est achevée.

Pour cela, la graine doit être placée dans un milieu favorable, car elle réclame pour accomplir cet acte trois agents indispensables : l'eau, l'air et la chaleur, qu'elle trouve dans la terre.

Pour voir la petite plante renfermée dans une graine, il suffit d'ouvrir une fève ou un haricot.

Résumé. — Une foule de plantes, les unes nuisibles, les autres utiles, poussent d'elles-mêmes dans les jardins sans le secours de l'homme. Mais, pour posséder les plantes que l'on désire avoir, il faut les semer.

On ne doit semer que des graines bien mûres et prises sur des plantes saines et robustes. Encore ne faut-il pas qu'elles soient trop vieilles, car elles ne germeraient pas ou ne donneraient qu'une mauvaise récolte.

Les semis se font de deux manières : à la volée et en lignes. Il faut avoir soin de recouvrir la semence de terre, avec le râteau ou un autre instrument.

Lorsqu'on veut tirer des lignes droites, dans le jardin, on se sert d'une ficelle tendue que l'on nomme cordeau.

Les semis sont dits sur place quand les plantes doivent rester au lieu où elles sont nées; ils sont dits en pépinière quand les plantes, arrivées à un certain développement, doivent être transplantées sur un autre espace pour s'y développer et mûrir.

On appelle germination le développement de la petite plante que renferme la graine.

Questionnaire. — Que faut-il faire pour posséder les plantes que l'on désire avoir ? — Quelles graines doit-on avoir le soin de choisir ? — De combien de manières se font les semis ? — Laisse-t-on la semence sur la terre ? — Qu'est-ce qu'un râteau ? — Qu'est-ce que le cordeau ? — A quoi sert-il ? — Qu'appelle-t-on des poquets ? — Quelles sortes de semis connaissez-vous ? — Qu'appelle-t-on semis sur couche ? — Parlez de la germination. — Quels sont les agents indispensables à la germination ?

CINQUIÈME LEÇON

Arrosages.

17. Vous devez vous rappeler l'histoire du pied de fraisier d'Alfred?

Gustave. — Ah ! oui, Monsieur. Il est mort parce qu'il n'avait pas été arrosé (fig. 18).

— Justement. Pour vivre, les plantes ont besoin d'eau, de fraîcheur.

Elles la trouvent dans le sol durant une partie de l'année, principalement dans les *terres argileuses*, mais il n'en est plus ainsi quand la sécheresse dure un certain

Fig. 18. — L'arrosage.

temps. Il faut alors les *arroser* ; ce que l'on fait généralement avec un *arrosoir*, vase bien connu de vous tous.

Alfred. — Monsieur, nous en avons un. Le tuyau est muni d'une *pomme* percée d'une infinité de petits trous qui forcent l'eau à se diviser en autant de filets.

— Oui. Cette disposition fait que l'eau tombe également sur toute la surface du sol et sur les plantes.

CHARLES. — Monsieur, on enlève quelquefois la *pomme* de *l'arrosoir*. Je l'ai vu faire à mon oncle pour *arroser* des choux qu'il venait de planter.

Il versait toute l'eau au pied.

— Oui, c'est ce que l'on fait lorsqu'on veut donner de l'eau seulement au pied de la plante. Il faut bien se garder d'agir ainsi pour les *semis*, que l'eau *abîmerait* par son propre poids en tombant.

Il est même bon de répandre, sur certains *semis*, un peu de *fumier pailleux* pour empêcher qu'il ne se forme une croûte à la surface du sol.

ALPHONSE. — Monsieur, au château, mon père *arrose* parfois avec une pompe.

— Oui, cela se pratique pour arroser des plantes un peu élevées, principalement les feuilles et les fleurs.

L'eau que l'on donne ainsi aux plantes ne doit pas être trop froide. Si elle provient d'une mare, comme c'est le cas chez M. Martini, on peut l'employer tout de suite ; mais celle des fontaines et des puits est généralement trop froide pour être répandue sur les plantes.

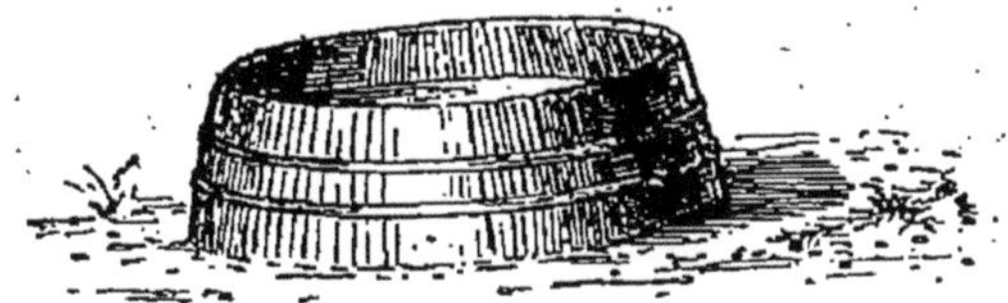

Fig. 19. — Tonneau en partie enterré, défoncé par en haut et servant de bassin.

Il faut la laisser séjourner dans des bassins où elle s'échauffe un peu.

Le bassin peut être un tonneau en partie *enterré*, et ouvert ou défoncé par en haut (fig. 19).

Sarclages et Binages.

18. On sème dans le jardin les graines des plantes que l'on désire avoir, et bientôt ces plantes *naissent* et *croissent ;* mais malheureusement elles ne sont pas seules à occuper les carrés. Une foule de mauvaises herbes y naissent d'elles-mêmes, et y croissent si bien qu'elles prendraient le dessus et nuiraient au développement des bonnes si on les laissait pousser.

Il faut donc avoir soin de les *arracher*. Arracher les mauvaises herbes, cela s'appelle *sarcler*.

Le *sarclage* se fait à la main quand les plantes cultivées sont encore jeunes. Lorsqu'elles sont plus fortes, on peut le pratiquer avec la *binette* ou avec la *serfouette* et la *houe à main*.

Cette opération a également pour but d'émietter et d'ameublir de nouveau la surface du sol ; aussi, lui donne-t-on encore le nom de *binage*, mot qui veut dire *seconde façon*.

Ce travail est très utile ; aussi *bine*-t-on quelquefois seulement pour *ameublir* la couche arable, sans qu'il y ait de mauvaises herbes.

Pour enlever l'herbe des allées, on se sert de plusieurs outils, dont les plus commodes sont la *houe à main* et la *ratissoire*.

Les engrais.

19. Les graines, mises en terre, germent ; les plantes qui en proviennent grandissent.

L'art du jardinage serait très simple, s'il n'y avait qu'à semer des graines sur tous les carrés, à laisser pousser les plantes, à les récolter, et à en semer aussitôt de nouvelles. Mais les choses ne se passent pas tout à fait ainsi.

Qu'arrive-t-il quand vous puisez à plusieurs reprises dans un seau plein d'eau, si vous ne remettez pas d'eau ?

MARCEL. — Il est bientôt vide ; car le liquide s'épuise.

— Eh bien ! la même chose se produit dans la terre.

Les plantes y puisent continuellement les substances nécessaires et même indispensables à leur vie et à leur accroissement. C'est de la terre qu'elles tirent leurs racines, leurs tiges, leurs feuilles, leurs fleurs et leurs fruits.

Au bout d'un certain temps, le sol se trouverait épuisé et incapable de leur fournir la nourriture dont elles ont besoin, si l'on n'avait la précaution d'y remédier.

Il faut donc lui rendre ce que les plantes lui ont enlevé.

On y parvient en lui donnant de l'*engrais*.

JULES. — Monsieur, qu'est-ce que c'est que l'*engrais* ?

— On appelle ainsi toutes les *substances* qui, mêlées à la *terre arable*, sont capables de lui rendre ce que les plantes lui ont enlevé.

L'engrais le plus commun est le *fumier*, bien connu de vous tous.

ANDRÉ. — Le *fumier* est la paille qui a servi de *litière* aux animaux et qu'on retire souillée des écuries et des étables.

— Parfaitement. Le *fumier* bien décomposé où l'on ne distingue plus la paille des autres matières est le meilleur pour le jardin.

On peut encore y mettre du *terreau*, que nous avons appris à connaitre dans une leçon précédente.

Résumé. — Les plantes ont besoin d'eau pour vivre ; aussi est-il nécessaire et quelquefois même indispensable de les arroser, surtout durant les fortes chaleurs.

Les semis doivent toujours être arrosés avec l'arrosoir muni de sa pomme. Sans cette précaution, l'eau tombant en masse abîmerait tout.

L'eau qui sert à l'arrosage ne doit pas être trop froide.

Les plantes que l'on sème ne sont pas toujours seules à occuper les carrés. Une foule de mauvaises herbes y naissent d'elles-mêmes, y croissent et nuiraient au développement des bonnes si on les laissait pousser. Il faut donc avoir soin de les arracher. Arracher les mauvaises herbes, cela s'appelle sarcler.

Pour ameublir la terre et favoriser le développement des plantes que l'on cultive, on a aussi recours aux binages.

D'une manière générale, les plantes épuisent le sol dans lequel elles croissent. Aussi est-il indispensable de lui restituer, au moyen d'engrais, de fumier, par exemple, ce que les plantes lui ont enlevé.

Questionnaire. — Suffit-il toujours de semer les plantes du jardin ? — Que faut-il donc faire de plus, surtout en été ? — Décrivez l'arrosoir. — Quelles précautions faut-il prendre pour l'arrosage de certains semis ? — L'eau d'arrosage doit-elle être froide ? — Qu'entendez-vous par le mot sarclage ? — En quoi consiste le binage ? — Doit-on laisser les mauvaises herbes envahir les allées ? — Qu'appelle-t-on engrais ? — Quel est l'engrais le plus commun ? — Qu'appelez-vous fumier ?

SIXIÈME LEÇON

Durée et nature des plantes.

20. Les plantes que nous aurons à étudier dans nos leçons d'horticulture, ne se ressemblent pas toutes : les unes vivent *peu de temps,* les autres *longtemps ;* les unes deviennent *dures,* d'autres restent toujours *tendres.*

Ces différences vont nous permettre de diviser les plantes en *groupes* ou *catégories,* et notre étude en deviendra plus facile.

Durée des plantes.

21. Combien d'années vivent les pieds de haricot, Alphonse ?

ALPHONSE. — Les haricots vivent moins d'une année ; on les sème au printemps, et on les récolte l'été suivant, alors qu'ils sont mûrs.

— Parfaitement. Le haricot et tous les végétaux dont la vie ne dépasse pas une année, sont appelés plantes *annuelles.*

En connaissez-vous quelques-unes, Emile ?

EMILE. — Les pois, les fèves, le chanvre, le lin, le blé, l'orge, l'avoine, le seigle.

— Bien. Connaissez-vous des plantes qui vivent deux ans, Jules ?

JULES. — Oui, Monsieur. La carotte, par exemple.

Fig. 20. — Chanvre, plante annuelle.

JACQUES. — Les carottes sont, comme le chanvre (fig. 20), des plantes *annuelles*, puisqu'on les arrache la même année qu'on les sème.

— Il est vrai qu'on les arrache la même année qu'on les sème. Mais laissez les carottes (fig. 21) passer l'hi-

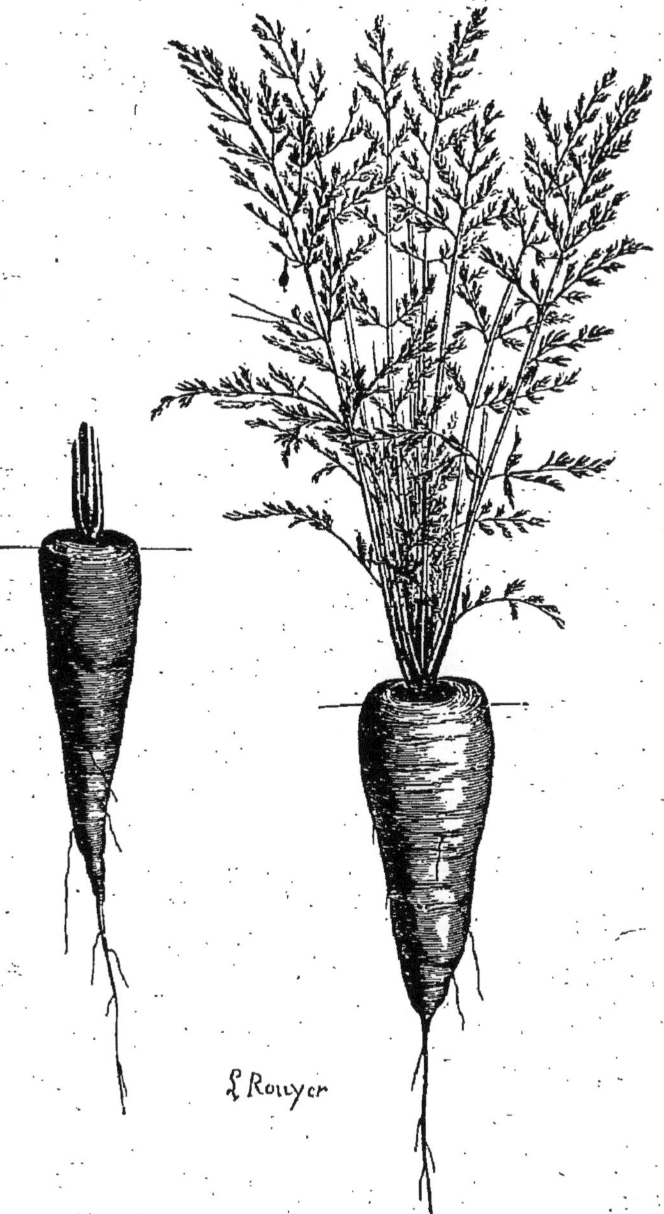

Fig. 21. — Carotte. Plante bisannuelle (1re année).

ver dans la terre, ou bien récoltez-les, et mettez-les à l'abri du froid pour les empêcher de geler, et transplantez-les au printemps suivant, elles pousseront de nouvelles feuilles, et une tige (fig. 22) munie de rameaux qui porteront des fleurs et des fruits.

Après avoir porté des fruits, les pieds mourront ; mais la durée de leur vie aura été de deux ans.

Toutes les plantes qui vivent deux années, sont appelées *bisannuelles*, exemple : les carottes, les navets, les betteraves.

Fig. 22. — Sommet d'une tige de carotte (2e année).

Maurice, connaissez-vous des végétaux dont la durée est de plus de deux années ?

MAURICE. — Oui, Monsieur. Les pommiers, les poiriers, les artichauts.

— Parfaitement. Eh bien ! ces plantes, qui vivent trois ans et plus, sont dites *vivaces*.

Chez les unes, comme l'artichaut dont la tige meurt chaque année, la racine seulement est *vivace* ; chez les autres, la racine, la tige et même les branches et les rameaux sont *vivaces*, comme dans le pommier, le poirier, le prunier, le cerisier, le chêne (fig. 23), l'orme, le peuplier, le sapin, etc.

Fig. 23. — Chêne, plante vivace.

Ainsi, pour nous résumer, nous pouvons dire que les plantes sont ou *annuelles*, ou *bisannuelles* ou *vivaces*.

Nature et consistance des plantes.

22. Les végétaux peuvent encore être divisés d'une autre manière d'après la nature de la tige et des rameaux.

Toutes les plantes comme les pois (fig. 23.) et les fraisiers, dont la tige est toujours tendre et à l'état d'herbe, sont dites *plantes à tiges herbacées*.

Celles, au contraire,

Fig. 24. — Pois, plante herbacée.

dont la tige est dure et formée de bois, sont dites *ligneuses* (du latin *lignum* qui signifie bois).

Fig. 25. — Le pommier, plante ligneuse.

Citez des *végétaux ligneux*, Charles.

CHARLES. — Le chêne, l'orme, le peuplier, le pommier (fig. 25).

—Parfaitement. Les *végétaux ligneux* peuvent se diviser à leur tour en *trois catégories.*

Ceux qui sont très élevés, comme le chêne, le pommier, le peuplier, le marronnier, sont des *arbres ;* ceux, au contraire, qui s'élèvent peu ou ne deviennent jamais gros, tels que les rosiers, les groseilliers, se nomment *arbrisseaux.*

Les petits arbrisseaux qui ne dépassent pas un mètre, s'appellent encore *arbustes* (fig. 26).

Toutes ces catégories de végétaux se trouvent dans les jardins.

Au point de vue de leur utilité, ou de la culture, les plantes du jardin peuvent encore être divisées en trois autres catégories :

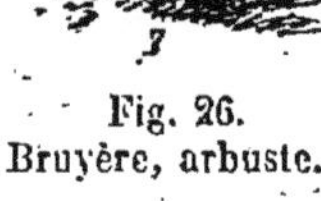

Fig. 26. Bruyère, arbuste.

1° Les *plantes potagères* ou *légumes*, comme les choux, les carottes, les navets, les pois, les haricots ;

2° Les *plantes fruitières* ou à *fruits*, comme les pommiers, les poiriers, les pêchers ;

3° Les *plantes florales,* qu'on cultive seulement pour

la beauté ou le parfum de leurs fleurs, comme le rosier, la giroflée, la pensée.

Différentes parties d'un végétal.

23. Pour que nous puissions bien nous entendre dans la suite de ces leçons, et pour être plus courts, nous devons apprendre à connaître dès maintenant les différentes parties d'une plante, d'un végétal.

Un arbre se compose de deux parties : l'une qui s'enfonce dans la terre, c'est la *racine* ; l'autre qui s'élève dans l'air en forme de colonne, c'est la *tige*.

La *tige* porte dans toutes les directions des *bras* auxquels on donne le nom de *branches principales*. Celles-ci se divisent à leur tour et forment d'autres branches plus petites, qui se divisent elles aussi presque à l'infini dans les gros *arbres*.

Les plus petites branches d'un *arbre* se nomment *rameaux*.

Alfred. — Mais, Monsieur, toutes les plantes ne ressemblent pas à un arbre.

— Non, mon ami, mais dans presque toutes on reconnaît une racine, une tige et des branches.

Il faut qu'à cette occasion je vous fasse remarquer que dans certaines *plantes potagères*, comme la carotte, le navet, le radis, c'est la *souche* et non la *vraie racine* que nous mangeons.

La *vraie racine* est simplement la partie grêle terminant la *souche*.

Pour que mes explications sur les diverses parties d'un végétal ne vous laissent aucune incertitude, je mets sous vos yeux une plante connue de vous tous, dont on a distingué par des lettres : racine, tige, branches, fruits, feuilles et fleurs. C'est, comme vous le voyez, l'églantier ou rosier sauvage (fig. 27).

Résumé. — Les plantes ne se ressemblent pas toutes. Au point de vue de la durée, on les divise en : annuelles, bisannuelles et vivaces. Parmi les plantes vivaces, les unes n'ont de vivace que la racine ; les autres ont vivaces la racine, la tige et même les branches.

Les plantes peuvent encore se diviser en herbacées et ligneuses. Les végétaux ligneux se divisent à leur tour en arbres, arbrisseaux et arbustes.

Au point de vue de l'utilité ou de l'agrément, les plantes du jardin se divisent encore en plantes potagères ou légumes, en plantes fruitières et en plantes florales ou d'ornement.

En général, un végétal se compose de deux parties principales : la racine qui s'enfonce dans la terre, et la tige qui vit hors de terre et porte presque toujours des branches, lesquelles se couvrent à un certain moment de l'année de feuilles, de fleurs et de fruits.

Questionnaire. — Comment peut-on diviser les plantes d'après leur durée ? — Citez des plantes annuelles ; — bisannuelles ; — vivaces. — Quelles divisions peut-on établir parmi les plantes vivaces ? — Comment peut-on encore diviser les plantes d'après la nature de la tige et des rameaux ? — Citez des plantes herbacées ; — des plantes ligneuses. — Comment se divisent à leur tour les plantes ligneuses ? — Citez des arbrisseaux. — Comment pouvons-nous diviser les plantes au point de vue de leur utilité ? — Citez des exemples de chaque catégorie. — Nommez les différentes parties d'un végétal. — Quel nom donne-t-on aux plus petites branches ? — Comment nommez-vous la partie que nous mangeons dans la carotte, le navet, le radis, etc. ?

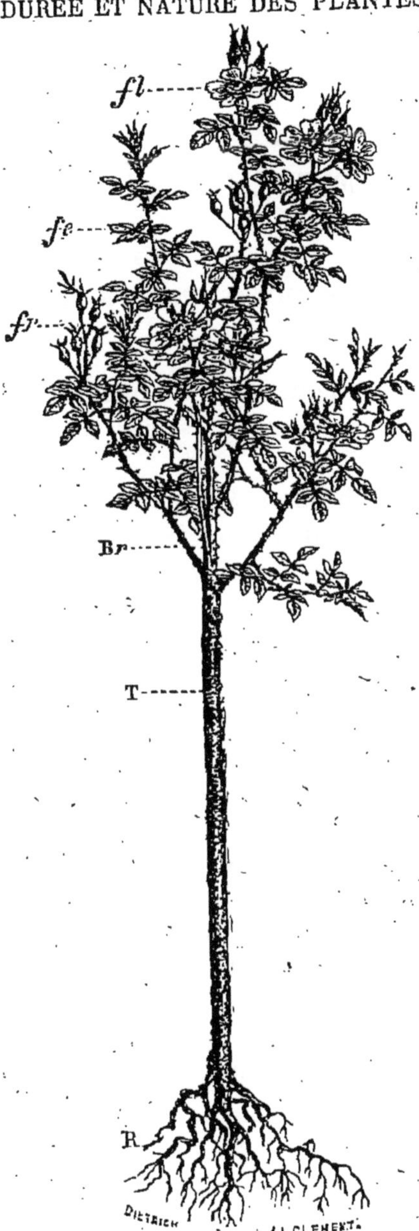

Fig. 26. — Eglantier. — R, racine ; T, tige ; Br, branche ; *fr*, fruit ;
fe, feuille ; *fl*, fleur.

3.

SEPTIÈME LEÇON

Les Plantes potagères ou Légumes.

24. Si je vous demandais de citer des *légumes* ou *plantes potagères*, vous ne seriez pas embarrassés, assurément.

MATHURIN. — Oh ! non, Monsieur. Ainsi, chez nous, dans notre jardin, qui est un jardin *mixte*, il y a des choux, des carottes, des navets, des haricots, de la salade, des oignons.....

— Cela suffit. Je sais bien que vous en connaissez un grand nombre.

Les plantes potagères peuvent se diviser en plusieurs *catégories*, d'après les parties qui servent à l'alimentation ; mais il est bien difficile, sinon impossible, d'établir une division rigoureuse ; car, si chez les unes on mange les feuilles seulement comme dans les différentes variétés de salades, chez les autres, au contraire, ce sont les graines ou les fruits qui sont *comestibles*, comme dans le pois et le haricot ; chez d'autres, c'est la racine ou plutôt la *souche* que l'on mange, comme dans la carotte et le navet, et chez d'autres enfin, plusieurs parties sont comestibles.

Cependant, nous pouvons les diviser en cinq catégories :

1° *Plantes à enveloppes florales comestibles ;*

2° *Plantes à graines et à fruits comestibles ;*

3° *Plantes à racines ou à tubercules comestibles ;*
4° *Plantes à feuilles ou à tiges comestibles ;*
5° *Plantes employées à l'assaisonnement.*

1° Plantes potagères à enveloppes florales comestibles

25. Artichaut. — Dans cette catégorie se trouve l'*artichaut* (fig. 28). C'est une plante vivace, nous l'avons déjà dit.

Fig. 28. — Pied d'artichaut.

On mange l'extrémité supérieure et élargie de la tige, à laquelle on donne le nom de *plateau*, et qui porte les fleurs ; puis la partie inférieure des feuilles vertes nommées *enveloppes florales* ou *écailles*.

L'artichaut craint la gelée ; aussi est-il indispensable, à l'automne, d'en recouvrir les touffes, soit de fumier, soit de feuilles sèches, pour les protéger pendant l'hiver. On les garantit aussi quelquefois au moyen d'une couche de paille sur laquelle on se contente d'*amonceler* de la terre.

Fig. 29. — Pied d'artichaut hors de terre avec œilletons.

ALPHONSE. — Il y a beaucoup d'artichauts dans le potager du château ; mais je n'en ai jamais vu récolter ni semer de graines.

— C'est qu'on n'en sème pas. On a trouvé pour l'*artichaut*, comme pour d'autres plantes, un moyen plus rapide de *multiplication* que celui du *semis*.

Sur la souche se développent de jeunes pousses appelées *rejetons* ou *œilletons* (fig. 29), que l'on sépare de la touffe au printemps et que l'on plante à part. Ces nouveaux pieds peuvent donner du fruit dès la première année.

2° Plantes potagères à graines ou à fruits comestibles

26. Parmi les plantes potagères à graines ou à fruits comestibles, il convient de citer les *pois*, les *haricots*, les *fèves*, les *melons*, les *concombres*, le *giraumont*, vulgairement désigné sous le nom de *citrouille* ou *potiron*, et enfin la *tomate*.

27. La Tomate. — MARTIN. — Qu'est-ce que la *tomate?* (Fig. 30.)

— C'est une plante des pays chauds, mais qu'on peut cultiver dans toute la France en semant ses graines sur couche, au printemps. Elle est de la même famille que la pomme de terre.

GUSTAVE.—Monsieur, n'est-ce pas le fruit de la *tomate* qu'on appelle *pomme d'amour?*

— C'est cela même.

LUC.—Ah ! Monsieur, je connais la *pomme d'amour ;* elle est rouge et bonne à manger.

Fig. 30. — Tomate.

— Parfaitement. Les tiges de la *tomate* sont trop faibles pour supporter le poids de leurs fruits ; aussi, doivent-elles être soutenues par un treillis en bois, ou par des fils de fer, ou simplement par des tuteurs.

La maturité des fruits est indiquée par leur couleur rouge. Dans notre pays, on les récolte en août et en septembre.

28. Pois, Fèves, Haricots. — Quant aux autres plantes potagères de cette catégorie, elles vous sont trop connues pour que j'aie besoin de vous en parler longuement.

Vous savez tous que les pois, les haricots et les fèves

(fig. 31) se sèment au printemps et se récoltent en été. Les graines de ces trois plantes se mangent aussi bien vertes que sèches.

Fig. 31. — 1. Pois; 2. Fève; 3. Haricot.

Dans une variété de pois appelés *pois mange-tout*, le fruit nommé *cosse* est comestible comme les graines.

Dans le *haricot flageolet* la *cosse* est également comestible.

29. Le Melon. — Le *melon*, plante *annuelle* et *her-bacée*, est d'une culture minutieuse.

Il prospère bien en *plein air* dans le Midi de la

France, mais demande à être cultivé *sur couche* et abrité dans tout le Nord.

On le sème généralement en mars.

Les principales variétés de *melons* sont :

1° Le *cantaloup*, peu allongé et muni de fortes côtes ;

2° Le *melon brodé*, de même forme que le *cantaloup*, mais dépourvu des côtes ;

3° Le *melon de Chypre*, à peau *lisse* et *verte*, et rouge à l'intérieur ;

4° Le *melon de Cavaillon*, de forme allongée, et blanc à l'intérieur.

30. Les Citrouilles. — Les *citrouilles* sont faciles à cultiver et n'exigent aucun soin particulier.

Il en est de même du *potiron* qui, coupé jeune, prend le nom de *cornichon*.

Le *cornichon*, conservé dans du vinaigre, est employé comme assaisonnement.

Résumé. — Les plantes potagères, d'après les parties qui servent à l'alimentation, peuvent être divisées en cinq catégories :

1° Plantes à enveloppes florales comestibles ;

2° Plantes à graines et à fruits comestibles ;

3° Plantes à racines ou à tubercules comestibles ;

4° Plantes à feuilles ou à tiges comestibles ;

5° Plantes employées à l'assaisonnement.

La première catégorie renferme l'artichaut, qui craint la gelée, et que l'on multiplie au moyen de rejetons.

La deuxième catégorie comprend principalement les pois, les haricots, les fèves, les melons, les concombres, les giraumonts et les tomates.

Questionnaire. — Citez des plantes potagères ou légumes. — Mangeons-nous toujours les mêmes parties dans toutes les plantes ?

— Comment, d'après la ou les parties comestibles des plantes, pouvons-nous les diviser ? — Citez des exemples de chaque catégorie. — Parlez de l'artichaut. — Quelles parties mangeons-nous dans le pois ; — le haricot ; — la fève ; — le melon ; — le concombre ; — la tomate ? — Dites ce que vous savez sur la tomate. — A quelle époque sème-t-on les pois, les haricots, les fèves, les melons ? — A quelle époque en fait-on la récolte ?

HUITIÈME LEÇON

Les Plantes potagères ou Légumes (SUITE)

3° Plantes potagères à racines ou à tubercules comestibles.

31. La troisième catégorie de plantes potagères comprend celles dont la *souche* ou les *tubercules* sont comestibles : ce sont le céleri, le navet, le salsifis, le radis, la betterave, la carotte et la pomme de terre.

32. Le Céleri. — ANTOINE. — Monsieur, on ne mange pas la souche du céleri chez nous, mais seulement les feuilles.

— Votre observation est juste, mon petit ami. J'allais justement vous dire qu'il y a deux variétés de céleri : l'une, et c'est celle que vous cultivez, n'a pas une forte *souche*, et l'on n'en mange que les feuilles ; l'autre a une très forte *souche*, qui rappelle un peu un navet informe. C'est le *céleri à talon* ou *céleri-rave*, ainsi appelé à cause de la forme de sa *souche*. Celle-ci est alimentaire. Ses feuilles le sont aussi ; mais on les donne le plus souvent aux animaux : car ayant végété en plein air, elles sont dures et amères.

Par sa variété *à talon*, le céleri rentre dans la catégorie des plantes que nous étudions en ce moment, les *plantes potagères à racines ou à tubercules comes-*

tibles ; mais par sa variété ordinaire ou *céleri long* (fig. 32), il fait partie des *plantes potagères à feuilles comestibles.*

Comment cultive-t-on le céleri chez vous, Antoine ?

ANTOINE. — On creuse dans le jardin une fosse, dans laquelle on met du fumier, que l'on recouvre d'une mince couche de terre ; puis on y plante les pieds de céleri au moyen d'un *plantoir.* Cela se fait en été.

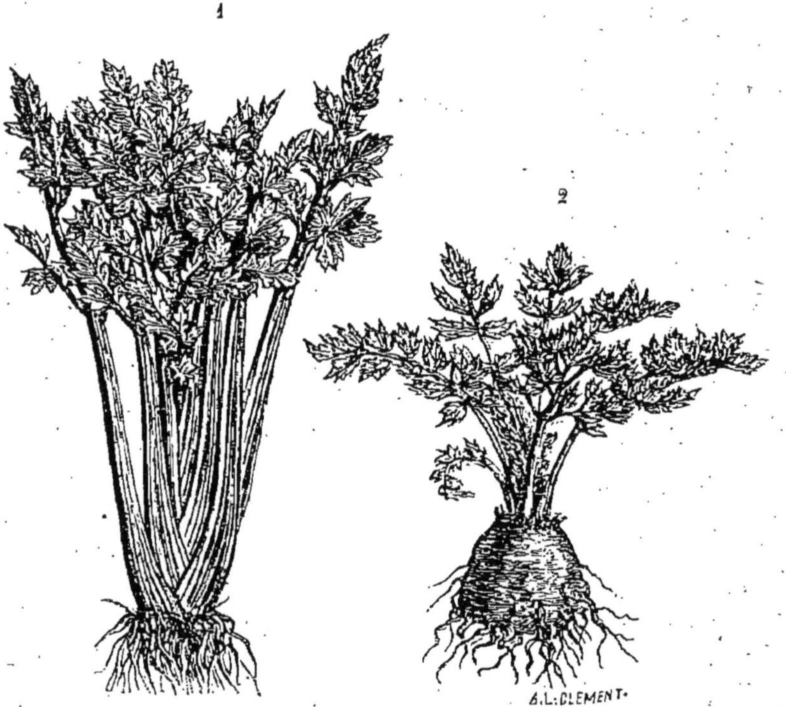

Fig. 32. — 1. Céleri long ; 2. Céleri-rave.

— Ne donnez-vous plus aucun soin à votre céleri après l'avoir planté ?

ANTOINE. — Si, Monsieur. Quand les feuilles sont

déjà longues, on ramène de la terre au pied. Papa appelle cela *butter le céleri*.

— C'est bien cela. Le céleri a besoin de plusieurs *buttages* dans le cours de sa végétation.

Pourquoi amoncelle-t-on la terre autour des pieds de céleri?

ANTOINE. — Je ne sais pas, Monsieur.

— Alors, je vais vous le dire. C'est pour priver la plante de la lumière du soleil.

La partie ainsi privée de lumière perd sa couleur verte et blanchit. Elle devient plus tendre et moins amère.

C'est également pour les faire blanchir qu'on lie les pieds de salade ou qu'on les couvre d'une planche.

Les plantes qui blanchissent par le manque de lumière sont dites *étiolées*.

Le *céleri à talon* n'a pas besoin d'être butté, car la *souche* se trouve entièrement dans la terre.

Le céleri long se mange cru ou cuit. La souche du *céleri-rave* se mange toujours cuite.

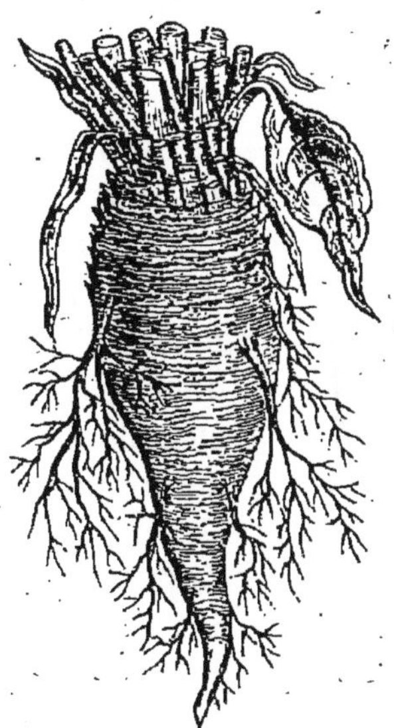

Fig. 33. — Betterave.

33. **Navet, Betterave, Salsifis, Carotte, Radis.** — Le navet, la betterave (fig. 33), dont les variétés principales sont la jaune et la rouge, n'ont pas besoin de soins particuliers. Il suffit de les semer à la volée et de les laisser croître.

Si, cependant, les mauvaises herbes les envahissent, il est bon de les *sarcler* et même de les *biner*.

Le *radis* dont on mange aussi la racine ou plutôt la souche, se sème au printemps, dans un sol riche en terreau.

On peut faire des semis tous les quinze jours pour en avoir toujours de bons à manger. Il ne faut pas craindre de les arroser beaucoup.

Le salsifis et les carottes (fig. 34) n'ont pas besoin non plus de soins particuliers.

34. La Pomme de terre. — La *pomme de terre* est, après le pain, l'aliment le plus répandu. Elle est même presque la seule nourriture du pauvre dans certains pays, et n'est pas dédaignée du riche.

Il y a environ un siècle que cette plante si utile est connue en France et même en Europe.

La *pomme de terre* croissait seulement dans l'Amérique du Sud, au Chili, où elle n'était l'objet d'aucune culture. Elle vivait donc à l'état sauvage. De plus, elle était considérée comme plante dangereuse et ne produisait que de tout petits *tubercules*. La culture l'a transformée en une plante de première utilité. Son fruit seul est *vénéneux*, ce qui veut dire qu'il renferme du poison.

Un Français, nommé Parmentier, parvint, après des difficultés sans nombre, à la faire accepter dans sa patrie comme plante alimentaire.

Fig. 34.
Carotte.

Aujourd'hui, elle est l'objet d'une culture importante non seulement dans toute la France, mais encore dans la plupart des pays civilisés.

En souvenir de Parmentier, qui chercha et réussit à la propager, on l'appela *parmentière* (fig. 35).

C'est le nom qu'on lui donne encore aujourd'hui dans certains pays.

Fig. 35. — Pieds de pomme de terre.

La pomme de terre s'accommode de tous les terrains. Aussi est-elle facile à cultiver. Mais il faut cependant vous dire qu'elle rapporte davantage dans une bonne terre que dans une mauvaise.

On met en terre des *tubercules* semblables à ceux que vous mangez, en ayant soin de choisir les plus convenables.

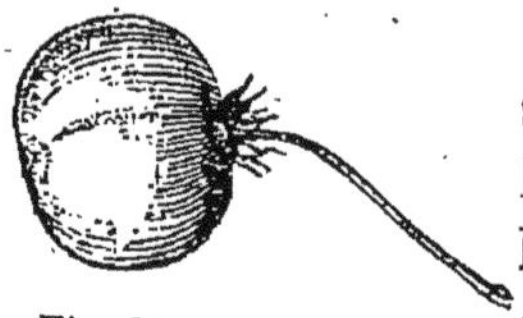

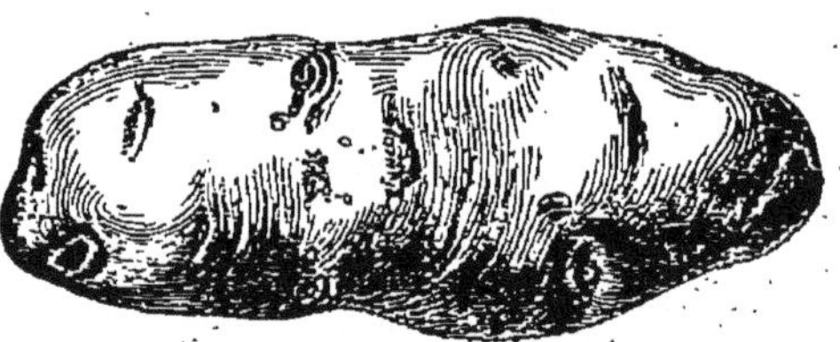

Fig. 36. — Fruit ou baie de la pomme de terre.

De chacun des trous visibles à leur surface, il sort une ou plusieurs branches nommées *fanes*, qui s'élèvent au-dessus du sol, et donnent des fleurs auxquelles succèdent de petites boules nommées *baies* (fig. 36); ce sont les fruits, qu'il faut bien se garder de manger, car ils renferment du poison, comme nous l'avons déjà dit.

Dans le sol, se développent d'autres *tubercules* ou *pommes de terre* (fig. 37), semblables à ceux que l'on

Fig. 37. — Tubercule mûr.

a plantés. Ce sont ces *tubercules* que l'on récolte pour manger ou pour planter de nouveau, et qui sont communément appelés, mais à tort, les *fruits de la pomme de terre*.

Ce ne sont pas des fruits, mais bien des branches souterraines, qui, selon les variétés, ont des formes différentes.

La *pomme de terre* est, sans contredit, la plus utile des productions de nos jardins.

Honneur donc au savant français qui a su doter sa patrie d'une plante aussi précieuse !

Assurément, il lui a rendu un plus grand service que la plupart de ses illustres généraux.

Résumé. — Les principales plantes à racines ou à tubercules comestibles sont le céleri, le navet, le salsifis, la carotte, la betterave, le radis et la pomme de terre.

On cultive deux variétés de céleri : le céleri ordinaire ou céleri long, duquel on mange les feuilles; le céleri à talon ou céleri-rave, duquel on mange la souche. La première variété seule a besoin d'être buttée. Le buttage a pour but de priver la plante de la lumière du soleil, de la faire blanchir et de la rendre moins amère.

Les navets, les betteraves de jardin, les salsifis et les carottes sont d'une culture facile. La plupart du temps on se contente de les semer.

Les radis réclament un sol riche en terreau et de fréquents arrosages.

La pomme de terre est une plante d'une grande valeur. Elle est originaire du Chili, et a été propagée en France par le baron Parmentier. Elle se reproduit au moyen de ses tubercules qui sont alimentaires.

QUESTIONNAIRE. — Citez des plantes potagères à racines, ou à souches, ou à tubercules comestibles. — Quelle remarque avez-vous à faire à propos du céleri? — Comment cultive-t-on le céleri? — Dans quel but amoncelle-t-on la terre autour des pieds du céleri long? — Qu'est-ce qu'une plante étiolée? — Que savez-vous de la culture du navet; — de la betterave; — du salsifis; — de la carotte? — Où faut-il semer la graine de radis, de préférence? — Quel est l'aliment le plus répandu après le pain? — D'où vient la pomme de terre? — Qui l'a propagée en France? — Qu'appelez-vous tubercule? — Comment appelez-vous le fruit de la pomme de terre

NEUVIÈME LEÇON

Les Plantes potagères ou Légumes (SUITE)

4° Plantes potagères à feuilles ou à tiges comestibles.

35. Pourriez-vous citer quelques plantes à feuilles ou à tiges comestibles, Emile ?

EMILE. — Les choux, l'oseille, la mâche ou doucette, la chicorée.

FRANÇOIS. — Puis les épinards.

— Bien. Nous pouvons encore ajouter la laitue, la scarole, le pourpier et le cresson, toutes plantes qui se mangent crues, en salade, ainsi que la chicorée.

36. Choux. — Les variétés de choux sont assez nombreuses, mais le mode de culture est à peu près le même pour toutes.

La graine se sème toujours en *pépinière*.

AIMÉ. — Monsieur, qu'est-ce qu'une *pépinière ?*

— C'est le terrain où l'on sème des graines pour obtenir en grande quantité, sur un petit espace, des plantes qui, ensuite, doivent être transplantées ailleurs.

On donne principalement le nom de *pépinière* au terrain dans lequel on sème les graines des arbres, comme le pommier et le poirier, des *arbrisseaux* comme les rosiers, et enfin des *arbustes*.

Lorsque les jeunes choux ont déjà quelques feuilles, on les *repique*, c'est-à-dire qu'on les arrache de la *pépinière* et qu'on les remet en terre très près les uns des autres dans des carrés où ils ne doivent pas encore rester définitivement. C'est ce qu'on appelle vulgairement *mettre les plantes en nourrice.*

On donne le nom de *transplantation* au deuxième *repiquage,* qui consiste à les placer enfin dans le lieu où ils demeureront jusqu'à ce qu'ils soient bons à manger.

La graine de chou se sème à toutes les époques de l'année, mais principalement en mars et en août.

Les variétés de choux les plus répandues sont le *chou frisé* dit de *Milan,* le *chou de Bruxelles,* le *chou vert,* le *chou cabus* (fig. 38) et le *chou-fleur.*

Fig. 38. — Chou cabus moyen.

Ce dernier réclame une bonne terre légère et riche en terreau.

4

37. Plantes à salade. — Un certain nombre de plantes se mangent en salade. Nous pouvons citer en première ligne la *chicorée*, la *scarole* et la *laitue*. On peut s'arranger de manière à en avoir de bonne à manger en toute saison.

La *mâche* ou *doucette* (¹), appelée bien souvent *oreille-de-lièvre*, se sème en septembre et en octobre, et quelquefois beaucoup plus tôt.

On la mange en salade à l'automne, en hiver et au printemps. Cette plante ne réclame aucun soin, mais à la vérité elle rapporte peu.

A côté de la mâche, nous pouvons citer le *cresson*.

Auguste. — Monsieur, je n'ai jamais vu cultiver le cresson.

— On le cultive cependant, mais d'une manière toute spéciale. Cette plante croît dans l'eau où elle vient sans le secours de l'homme ; mais à proximité des grandes villes, on la soigne dans de larges fossés pleins d'eau. Ces fossés prennent alors le nom de *cresson-nières*.

Le *cresson* se mange encore sans être assaisonné et passe pour être très sain.

38. Oseille et Épinard. — L'oseille est une plante à *racines vivaces*, dont les feuilles, à saveur *acide* et *piquante*, sont comestibles. Elle est facile à cultiver. On la sème en *carrés*, ou en *bordures* autour des planches du *potager*.

On multiplie encore l'*oseille* comme l'artichaut, en plantant des parties de *touffes* que l'on sépare au moyen de la *bêche*.

(¹) On dit encore *boursette* et *broussette*.

L'*épinard* est également d'une culture facile. Ses feuilles remplacent souvent celles de l'oseille.

39. L'Asperge. — Nous citerons encore, pour terminer cette liste, l'*asperge* (fig. 39), dont on récolte les jeunes pousses, nommées *turions,* aussitôt qu'elles sortent de terre, en les coupant un peu au-dessous de la surface du sol.

5° Plantes employées à l'assaisonnement.

40. Les plantes employées comme assaisonnement, c'est-à-dire pour donner du goût à d'autres aliments, sont assez nombreuses. Nous citerons seulement les plus communes, celles qui se trouvent dans tous les *potagers.*

En connaissez-vous quelques-unes, Lucien ?

Lucien. — Oui, Monsieur : le persil et le cerfeuil.

Raoul. — Il y a aussi l'estragon.

— Bien. Il convient encore de citer l'ail, le poireau, la ciboule, l'oignon et l'échalote, toutes plantes de la même famille, et l'hysope (¹), qui est vivace et ligneuse à la base.

L'hysope n'exige aucun soin.

Fig. 39. — Asperge.

______

(¹) On écrit aussi hyssope.

Le persil et le cerfeuil (fig. 40) sont également faciles à cultiver. Ils prospèrent partout, mais il faut

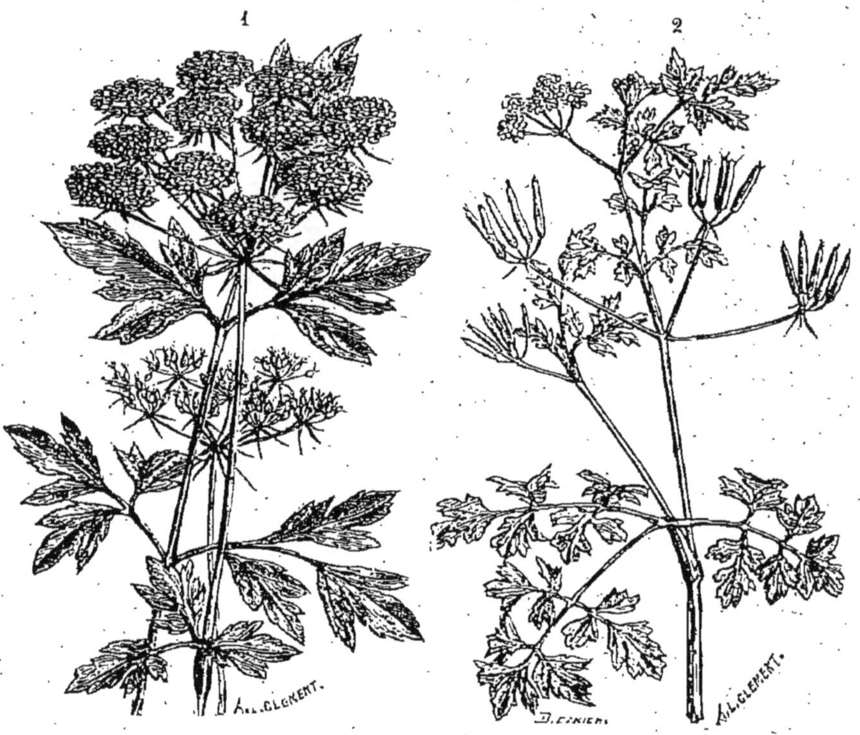

Fig. 40. — 1. Persil; 2. Cerfeuil.

bien se garder de les confondre avec la *petite ciguë,* poison violent, qui leur ressemble beaucoup.

Pour ne pas se tromper, il suffit de froisser les feuilles entre les doigts et de les sentir : le persil et le cerfeuil sentent bon, la *petite ciguë* (fig. 41) sent mauvais.

L'*estragon* réclame aussi peu de soins.

Les oignons sont d'un usage très fréquent dans la cuisine. On en cultive trois variétés : le *blanc,* le *jaune* et le *rouge.*

L'*oignon blanc* ou *hâtif* se sème en pépinière à la fin de l'été.

Dans certains pays, on le *repique* à l'automne, en mettant les pieds assez serrés ; puis on le transplante au printemps suivant ; dans d'autres, on le transplante également au printemps, sans l'avoir repiqué à l'automne.

Le *jaune* et le *rouge* se sèment généralement au printemps, soit en pépinière, soit sur place ; mais dans ce dernier cas il faut semer plus clair, et éclaircir plus tard si les pieds sont trop près les uns des autres.

Fig. 44. — Petite ciguë.

LOUIS. — Monsieur, sème-t-on aussi l'ail ?

— Non, mon ami, on plante les *caïeux* que vous nommez vulgairement des *gousses*.

Cette plantation se fait généralement au commencement ou à la fin de l'hiver, et l'ail est bon à récolter au mois de juin suivant, vers la Saint-Jean.

On multiplie aussi l'échalote au moyen de *caïeux*, et il faut réserver les plus allongés, qui donnent les plus belles touffes.

L'ail et l'oignon doivent rester quelques jours sur le sol après avoir été arrachés pour achever de mûrir.

Le poireau se sème au printemps, dès que le temps le permet.

Résumé. — Comme plantes à tiges ou à feuilles comestibles, on peut citer les choux, la chicorée, la scarole, la laitue, le pourpier, la mâche, le cresson, l'oseille et l'épinard.

Il y a de nombreuses variétés de choux. On les sème toutes en pépinière. Les principales variétés sont le chou frisé dit de Milan, le chou de Bruxelles, le chou vert, le chou cabus, le chou-fleur.

Les plantes à salade sont d'une culture assez facile. La chicorée, la scarole et la laitue se sèment presque toujours en pépinière.

La mâche est toujours semée dans le carré où l'on devra la récolter pour la consommation.

Le cresson croît dans l'eau sans le secours de l'homme; mais à proximité des grandes villes on le cultive dans des fossés pleins d'eau, appelés cressonnières.

L'oseille et l'épinard réclament peu de soins.

Les principales plantes employées à l'assaisonnement sont le persil, le cerfeuil, l'estragon, l'oignon, l'échalote et l'ail.

Questionnaire. — Citez des plantes à feuilles ou à tiges comestibles. — Comment sème-t-on la graine de chou ? — Qu'appelle-t-on pépinière ? — Laisse-t-on les choux à la place où ils sont nés ? — En quoi consiste le repiquage ou la transplantation ? — A quel moment sème-t-on les graines de chou ? — Nommez quelques variétés de choux. — Parlez de l'oseille ; — de la mâche. — Qu'est-ce que la chicorée ? — la scarole ? — Comment cultive-t-on le cresson ? — Quelle plante l'épinard peut-il remplacer ? — Quelle partie mange-t-on dans l'asperge ? — Citez des plantes assaisonnantes. — Quelle plante ne faut-il pas confondre avec le persil et le cerfeuil ? — Comment faire pour ne pas se tromper ? — Combien de variétés d'oignons connaissez-vous ? — Comment et quand se sème la graine d'oignon ? — Comment reproduit-on l'ail et l'échalote ?

DIXIÈME LEÇON

Le verger et le jardin fruitier.

41. Qu'avons-nous appelé *verger*, Marcel ?

MARCEL. — L'*enclos* où se trouvent les *arbres à fruits*
en *plein vent*.

— Et en quoi diffère-t-il du *jardin fruitier* ?

MARCEL. — Il en diffère en ce que les arbres qu'il
renferme sont abandonnés à eux-mêmes, tandis que
ceux du *jardin fruitier* sont taillés chaque année, et
prennent ainsi la forme qu'on veut leur donner.

— C'est exact. Nous allons parler tout spécialement des
arbres du *jardin fruitier*, à cause des soins qu'ils
réclament.

Tout le monde est capable de cultiver des arbres en
plein vent.

Les bourgeons.

42. — Un arbre, nous l'avons déjà dit, se compose
de plusieurs parties, dont les deux principales sont la
racine qui s'enfonce dans la terre, et la tige qui s'élève
dans l'air et donne naissance à des branches qui se
divisent en rameaux.

Chaque branche porte à son extrémité, et sur différentes parties de sa surface, de petits corps qui ont
la forme d'un *clou de toupie*.

Ces corps se nomment *bourgeons* et renferment eux-
mêmes des rameaux, des feuilles et des fleurs. Les

bourgeons apparaissent dans le courant de l'été, mais
ne se développent pas aussitôt ; ils restent *stationnaires*
durant tout l'hiver, et s'épa-
nouissent seulement au printemps
suivant.

Prenons maintenant un exemple.

Combien distinguez-vous de
sortes de bourgeons, Emile, sur
cette branche de pêcher (fig. 42) ?

Fig. 42. — Rameau portant
des bourgeons. — *b.f*, bourgeons à feuilles ; *b.fr*, bourgeons à fleurs.

Emile. — Deux seulement.

— Comment les distinguez-
vous ?

Emile. — Les uns sont *grêles*
et *pointus ;* les autres sont plus
gros, plus renflés.

— C'est cela même. Les *bourgeons grêles* et pointus ne donnent naissance qu'à des rameaux
et à des feuilles ; on les appelle
bourgeons à bois.

Les *bourgeons gros et renflés*
donnent naissance à des fleurs et par suite à des fruits ;
aussi les nomme-t-on *bourgeons à fleurs* ou *à fruits.*
On les appelle encore *boutons.*

Quelques-uns de ces derniers renferment à la fois des
fleurs et des feuilles ; ce sont des *bourgeons mixtes.*

Charles. — Ah! oui, Monsieur, *mixte* veut dire
composé de choses de nature différente.

— C'est cela même.

Le *bourgeon* est encore dit *terminal* quand il est placé
à l'extrémité du *rameau ;* et *latéral* (du mot latin *latus,
lateris,* qui veut dire côté) lorsqu'il est situé sur le côté.

La taille des arbres

43. Nous avons déjà dit que les arbres du *jardin fruitier* ne sont pas abandonnés à eux-mêmes, mais qu'ils sont *taillés.*

La *taille* (fig. 43) consiste à supprimer l'extrémité des rameaux pour donner aux arbres une forme déterminée, et préparer de bonnes récoltes de fruits.

Fig. 43. — La taille des arbres.

Un jardinier habile s'applique à provoquer la sortie des *bourgeons à fruits*. Pour procéder d'une manière sûre, il faut une assez longue pratique.

A quelle époque de l'année se fait la taille, Alphonse ?

ALPHONSE. — En hiver et au commencement du printemps.

— Bien. Et de quels *outils* se sert votre père pour tailler les arbres du jardin du château ?

ALPHONSE. — De la *serpette* et du *sécateur*.

— Vous connaissez tous la *serpette*, je n'ai donc pas besoin de la décrire. Le *sécateur* est composé de deux branches croisées, comme celles des ciseaux, terminées chacune par une lame courbe.

MAURICE. — Monsieur, j'ai vu couper avec les ongles l'extrémité des jeunes pousses de l'année. A quoi cela sert-il ?

— Cette opération se nomme le *pincement*. On le pratique pour empêcher le rameau de s'allonger, et pour forcer la sève à s'accumuler dans la partie conservée, et lui donner plus de force.

CHARLES. — Qu'est-ce donc que la sève ?

— Avez-vous déjà vu tailler la vigne au printemps ?

CHARLES. — Oui Monsieur. Il en sortait de l'eau.

— Eh bien ! cette eau est justement la sève. C'est le *sang* des plantes, indispensable à leur vie.

Mais revenons au *pincement*. C'est un mode de *taille* que l'on pratique sur les jeunes pousses de l'année, comme l'a dit Maurice. Il consiste à enlever le *bourgeon terminal* du rameau.

Il y a encore d'autres opérations voisines de la *taille*, qui sont l'*ébourgeonnement*, l'*émondage*, l'*élagage* et le *recepage*.

L'*ébourgeonnement* consiste à retrancher certains *bourgeons* mal placés pour donner à l'arbre une forme convenable ou encore pour que la sève se porte sur certaines parties de préférence à d'autres.

L'*émondage* consiste à enlever les branches mortes.

MAURICE. — Monsieur, j'ai vu couper des branches qui n'étaient pas mortes, dans un pommier en plein vent.

— Cela se fait. C'est précisément ce que l'on nomme l'*élagage*.

CHARLES. — Qu'est-ce que le *recepage* ?

— J'allais justement vous le dire. Mais, Alphonse, l'apprenti jardinier, lève la main ; il ne sera probablement pas embarrassé pour vous renseigner.

Répondez, Alphonse.

ALPHONSE. — Le *recepage* consiste à couper la tige près du sol, je l'ai entendu dire à papa ; puis je lui ai vu *receper* un pied de vigne, une *treille*, dont les branches étaient presque mortes.

— C'est bien cela. On *recèpe* une plante pour lui faire pousser des *jets* plus forts, afin d'en tirer plus de fruits.

RÉSUMÉ. — Le verger est l'enclos où se trouvent les arbres fruitiers en plein vent, et le jardin fruitier, l'enclos renfermant les arbres fruitiers que l'on taille tous les ans.

Les bourgeons des arbres fruitiers peuvent être divisés en trois catégories :

1° Les bourgeons à fleurs et à fruits qui sont gros et renflés ;

2° Les bourgeons à feuilles et à bois qui sont grêles et pointus ;

3° Les bourgeons mixtes, également gros, et qui donnent des feuilles et des fleurs.

Le bourgeon est dit terminal quand il est placé à l'extrémité du rameau, et latéral lorsqu'il est situé le long du rameau.

La taille consiste à supprimer l'extrémité des rameaux pour donner aux arbres une forme déterminée, et préparer de bonnes récoltes de fruits.

A la taille se rapportent le pincement, l'ébourgeonnement, l'émondage, l'élagage et le recepage.

QUESTIONNAIRE. — Qu'est-ce que le verger ? — Qu'appelle-t-on jardin fruitier ? — Que remarque-t-on sur les branches des arbres ? — Comment divise-t-on les bourgeons ? — Comment pouvez-vous distinguer les bourgeons à fleurs des bourgeons à fruits ? — Qu'appelez-vous bourgeons mixtes ? — Qu'entendez-vous par bourgeon terminal ; — bourgeon latéral ? — En quoi consiste la taille ? — A quelle époque se fait la taille ? — De quels outils se sert-on pour tailler ? — Comment appelez-vous le liquide qui s'écoule de la vigne quand on la taille au printemps ? — En quoi consiste l'émondage ? — l'élagage ? — le recepage ? — l'ébourgeonnement ? — le pincement ?

ONZIÈME LEÇON

Différentes formes que l'on donne aux arbres par la taille.

44. Aujourd'hui, mes amis, nous allons nous occuper des principales *formes* que l'on donne par la taille à certains *arbres fruitiers.*

On distingue les *arbres sur tige* et les *arbres palissés.*

RAOUL. — Monsieur, je ne comprends pas ce que veulent dire ces mots : *sur tige,* et *palissés.*

— Je vais vous les expliquer.

Les *arbres sur tige* sont ceux que vous voyez taillés et isolés, le long des allées, et quelquefois aussi dans les carrés.

Les *arbres palissés* sont ceux qui sont appliqués contre un mur ou un *treillis.*

Formes des arbres sur tige.

45. Les *arbres sur tige* reçoivent, comme les arbres palissés, différentes formes destinées à hâter la maturité des fruits, et à en faciliter la récolte.

Voici un pommier : il ne tient pas beaucoup de place. Ses branches sont courtes, et se couvrent chaque année d'une grande quantité de *bourgeons à fleurs.* Il est élancé et ressemble un peu au fuseau dont se servent les fileuses à la quenouille : aussi l'appelle-t-on *arbre en fuseau* (fig. 44).

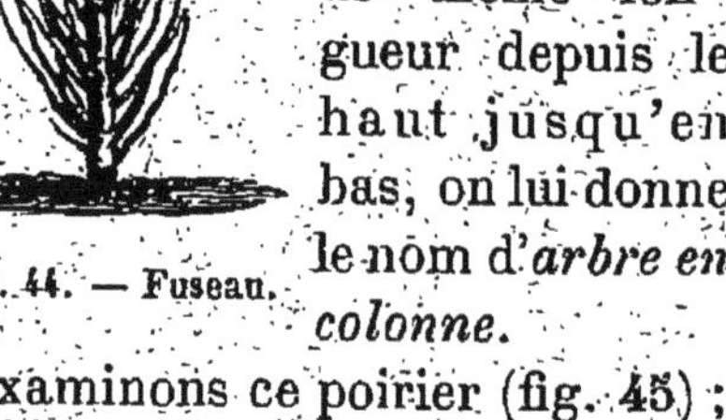

On pourrait en mettre plusieurs dans un seul *carré*.

Quelquefois, le fuseau n'est pas laissé droit, mais courbé et attaché à un fil de fer. C'est ce que l'on nomme les *arbres en cordon*.

Les arbres ainsi disposés rentrent dans la catégorie des *arbres palissés*, desquels nous parlerons dans un instant.

Quand un arbre est taillé de manière que ses branches soient à peu près de même longueur depuis le haut jusqu'en bas, on lui donne le nom d'*arbre en colonne*.

Fig. 44. — Fuseau.

Examinons ce poirier (fig. 45) ; il va en diminuant de largeur de bas en haut. Les plus longues branches sont en bas, les plus courtes en haut.

Les arbres taillés de cette manière sont appelés *arbres en quenouille* ou en *pyramide*. Leur forme rappelle un peu celle d'un pain de sucre.

Fig. 45. — Pyramide.

Voyez à présent ce pied de groseillier.

Toutes les branches sont fixées à un cerceau à l'aide de brins d'osier.

RENÉ. — Monsieur, cela ressemble à un *verre à pied* (fig. 46).

FRANÇOIS. — J'ai un gobelet qui a la même forme.

— Vous avez raison tous les deux, mes petits amis. Justement à cause de cette disposition des branches, on a donné à cette forme le nom de *forme en gobelet* ou *en vase.*

Cette disposition des branches est très favorable au

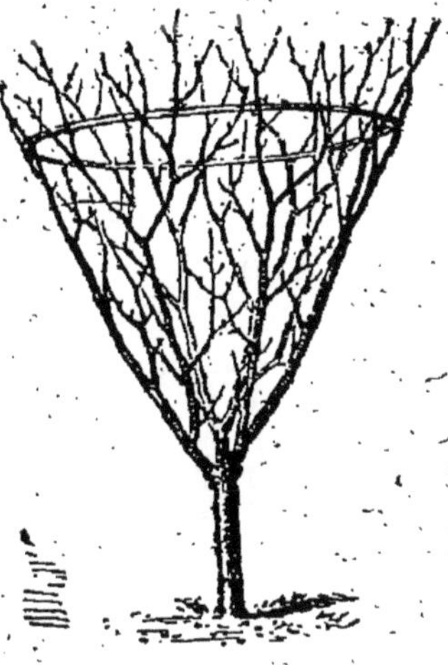

Fig. 46. — Forme en vase.

développement de la plante, car l'air et la lumière circulent facilement entre elles de tous les côtés. De plus, les fruits mûrissent très bien, sont faciles à récolter, et l'on ne risque pas d'abîmer l'arbre.

Arbres palissés.

46. Les *arbres palissés* sont placés le plus souvent contre un mur exposé au soleil, en plein midi.

On appelle *espaliers* ceux qui sont immédiatement fixés contre un mur, et *contre-espaliers* ceux qui sont attachés sur un *treillis* à quelque distance d'un mur, le long des allées, par exemple.

Les arbres palissés sont également susceptibles de recevoir différentes formes, dont la *palmette* et le *cordon* sont les principales.

Le *cordon* peut avoir deux dispositions différentes.

Il est *horizontal* (fig. 47) quand il suit la direction de la surface du sol. Il est *oblique* lorsque la tige est seulement inclinée comme le dessus de votre bureau ou de votre pupitre.

Les *cordons* sont presque toujours établis le long des allées où ils gênent peu sans laisser de produire beaucoup.

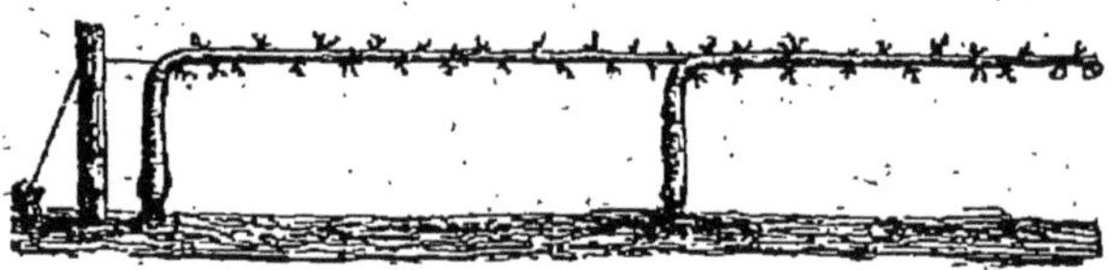

Fig. 47. — Cordon horizontal.

Dans la *palmette*, les branches sont dirigées à droite et à gauche de la tige, et disposées en *éventail* (fig. 48).

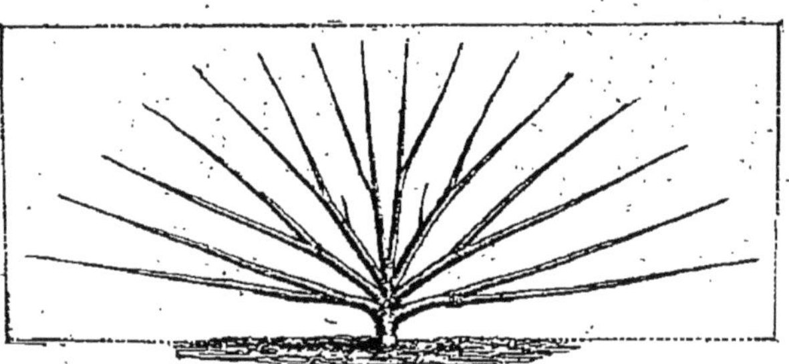

Fig. 48. — Palmette éventail.

La *forme* la plus simple est celle où la tige monte droit, et où les branches sont dirigées *obliquement*. C'est la *palmette simple*.

S'il y a deux branches principales et montantes qui portent d'autres branches *latérales*, soit *horizontales* soit *obliques*, on a une *palmette double*.

Par la *taille en palmette*, un jardinier intelligent

peut arriver à faire produire à un arbre des bourgeons et par suite des branches à volonté, et obtenir ainsi des sujets très curieux.

Il peut de même provoquer la sortie de *bourgeons à fleurs*, et forcer l'arbre à produire des fruits en assez grande quantité.

Vigne à la Thomery.

47. Une des plus belles formes que l'on puisse donner aux végétaux par la taille, est celle dite à la *Thomery*, qui convient spécialement à la vigne.

Il serait trop long de vous en faire la description ; mais vous pouvez vous rendre compte de l'effet que produit cette forme par la figure ci-contre (fig. 49).

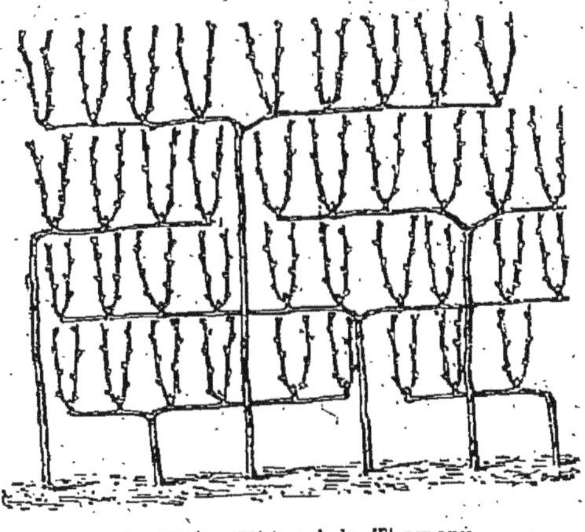

Fig. 49. — Vigne à la Thomery.

JULES. — Pourquoi dit-on *taille à la Thomery* ?

— C'est parce qu'elle a été pratiquée pour la première fois dans une localité de ce nom. *Thomery* est un village du département de *Seine-et-Marne*, situé à deux lieues de *Fontainebleau*, où l'on cultive en grand le *chasselas* dit de Fontainebleau.

RÉSUMÉ. — On ne donne pas la même forme à tous les arbres taillés, qui se distinguent en arbres sur tige et en arbres palissés.

Les principales formes que l'on donne aux arbres sur tige sont celles dites en fuseau, en colonne, en quenouille ou pyramide et en vase ou gobelet.

Les principales formes que l'on donne aux arbres palissés sont celles dites en cordon, en éventail, en palmette et en espalier.

Une des plus belles formes données à la vigne est celle dite à la Thomery.

QUESTIONNAIRE. — Qu'entendez-vous par arbres sur tige ; — arbres palissés ? — Quelles sont les principales formes que l'on donne aux arbres sur tige ? — Comment définissez-vous chacune de ces formes ? — Quelle différence y a-t-il entre des espaliers et des contre-espaliers ? — Quelles sont les différentes formes des arbres palissés ? — Sur quel végétal pratique-t-on spécialement la taille dite à la Thomery ? — Pourquoi dit-on *taille à la Thomery ?*

DOUZIÈME LEÇON

De la multiplication des arbres fruitiers.

48. Que fait-on, Désiré, lorsqu'on veut rendre un nombre plus grand qu'il n'est?

Désiré. — On le multiplie.

— Oui. Eh bien! il en est de même pour les plantes. Si l'on veut en augmenter le nombre, il faut encore avoir recours à la multiplication.

C'est ce que nous faisons en prenant dans une touffe d'artichaut des *œilletons* pour les transplanter ailleurs ; c'est encore ce que nous faisons quand nous semons des graines de plantes potagères ou autres.

Les arbres et tous les autres végétaux se *multiplient* d'eux-mêmes, sans le secours de l'homme. Leurs graines tombent sur la terre où elles *germent*. De nouvelles plantes se développent ainsi, et la *multiplication* ou *reproduction* des végétaux est effectuée. Mais on ne peut pas toujours se contenter de cela.

Alphonse. — Monsieur, je n'ai jamais vu semer de graines d'arbres.

— Cependant on en sème. Avez-vous déjà vu la pépinière du château?

Alphonse. — Oui, Monsieur.

— Eh bien! les *jeunes arbres* ou les *arbrisseaux* qui la garnissent sont nés de graines semées à la place même qu'ils occupent, ou bien dans un carré voisin. Mais retenez bien ceci : la plupart des arbres fruitiers provenant de *graines*, de *semis*, comme le pommier et le poirier, par exemple, ne donnent que des fruits très petits, généralement durs et peu succulents.

On les appelle des *arbres sauvages*, des *sauvageons* (fig. 50).

Pour obtenir ces belles pommes et ces belles poires que vous aimez tant à manger, il faut avoir recours à un autre mode de *multiplication*, lequel exige également du temps et des soins.

Prenons un exemple.

Si je semais des graines des *pommes rainettes*, si grosses et si bonnes, qui sont dans mon

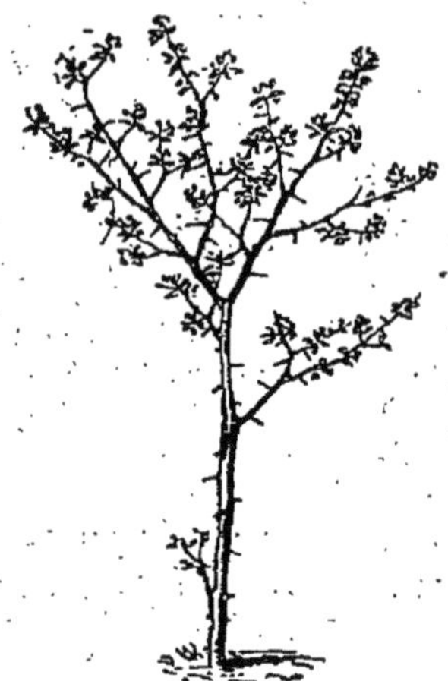

Fig. 50. — Sauvageon muni de piquants.

jardin, les arbres qui en proviendraient seraient des *sauvageons* couverts de *piquants* ou *épines*, et donneraient des *fruits détestables.*

Il faudrait une longue suite d'années et des soins assidus pour transformer ces pommiers couverts d'*épines* en arbres sans piquants, et leur faire porter de *bons fruits.*

Mais des hommes intelligents ont trouvé un moyen bien plus rapide pour obtenir cette *transformation* des *sauvageons.*

Parmi les nombreux modes de *multiplication* des végétaux, autres que les *semis*, je vous parlerai seulement des plus connus :

Le *bouturage ;*

Le *marcottage ;*

La *greffe.*

Élie. — Monsieur, je ne comprends pas ces trois derniers mots.

— Il n'y a rien d'étonnant, mon petit ami; mais patientez, je vais vous les expliquer.

Le bouturage (fig. 51).

49. L'année dernière quand j'ai taillé la treille de mon jardin, l'un de vous a ramassé un brin de *sarment*, pour le planter, a-t-il dit. Ses camarades se sont moqués de lui. Moi, j'ai trouvé l'idée excellente, et j'ai encouragé cet essai d'*horticulture*.

Fig. 51. — Bouture. — 1. Branche coupée pour faire la bouture;
2. la même branche avec racines.

Il a planté sa branche de vigne dans un coin du jardin de son père, et l'a arrosée pendant quelque temps.

Jugez de sa joie quand il a vu les bourgeons grossir, puis les feuilles se montrer.

Gustave. — C'est moi, Monsieur, qui ai planté le *sarment*. Et j'en suis bien content, car je possède un pied de vigne.

5.

— Oui, mon ami, vous avez bien travaillé.

La fraîcheur de la terre a fait développer des racines sur la partie de la branche enfoncée dans le sol ; votre pied de vigne vous donnera plus tard de ces bons *muscats* que vous convoitez souvent des yeux quand je vous conduis dans mon jardin.

La branche que vous avez plantée s'appelle une *bouture*, et l'opération que vous avez faite se nomme *bouturage*.

Ainsi, pour *bouturer*, il suffit de séparer d'un végétal un rameau garni de bourgeons, et de le planter.

Le *bouturage est,* comme vous le voyez, un mode très simple de *multiplier* les végétaux.

Il ne réussit pas toujours, mais il manque rarement.

On le pratique souvent pour la vigne et certaines autres plantes.

Le marcottage (fig. 52).

50. CHARLES. — Monsieur, est-ce une *bouture* que vous avez faite quand vous avez creusé un trou dans votre jardin, et que vous avez couché dedans un rameau d'un pommier situé à côté ? Vous avez ensuite comblé le trou avec de la terre. Le rameau n'était pas séparé du pommier, et l'extrémité sortait de terre.

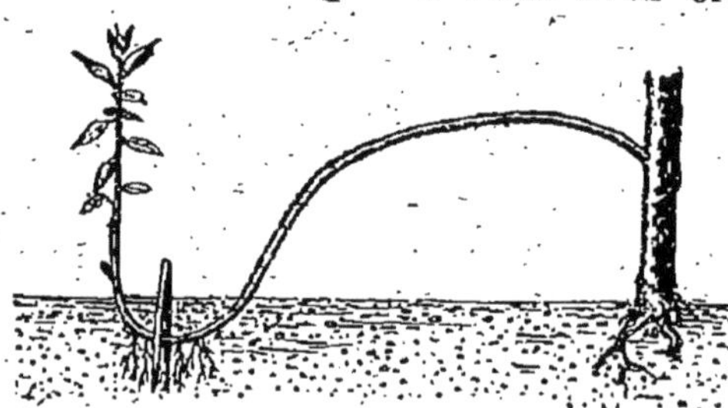

Fig. 52. — Marcotte.

— Non, mon ami, ce n'était pas une *bouture :* c'était une *marcotte.*

Quand le rameau ainsi mis en terre n'est pas séparé du végétal qui le porte, il prend le nom de *marcotte*, et l'opération, celui de *marcottage*.

Le *marcottage* est plus avantageux que le *bouturage*; car le rameau ne peut manquer d'émettre des racines à la partie située dans le sol, attendu qu'il continue à recevoir de la sève du végétal auquel il appartient, et que l'on nomme *plante-mère* ou *nourrice*.

Au bout d'un an ou deux, alors que les racines sont bien formées, on sépare la *marcotte* de sa *nourrice*, et l'on peut soit la laisser pousser à la place même où elle se trouve, soit la transplanter ailleurs.

Le *marcottage* s'opère quelquefois de lui-même, comme cela a lieu pour le fraisier, dont les *coulants* émettent des racines aux *nœuds*.

Le *marcottage* de la vigne porte le nom de *provignage* ou de *provignement*, et la branche mise en terre s'appelle *provin*.

Si la branche que l'on veut *marcotter* ne peut être couchée, on l'entoure de terre que l'on maintient avec des planches, de la mousse, ou une feuille de tôle. Cette terre, constamment tenue humide par des arrosages, favorise le développement de racines sur la branche, que l'on sépare de l'arbre l'année suivante.

Le *marcottage* se fait généralement au printemps.

Résumé. — Les principaux modes de multiplication des arbres fruitiers sont le semis, le bouturage, le marcottage et la greffe.

Le bouturage consiste à planter en terre un fragment de branche, que l'on a préalablement détaché de l'arbre.

Le marcottage, que l'on nomme provignage ou provignement quand il est pratiqué sur la vigne, consiste à coucher en terre, pour qu'elle produise des racines, une branche tenant à la plante-mère.

Ces différentes opérations se font généralement au printemps.

QUESTIONNAIRE. — Que fait-on quand on prend des œilletons dans une touffe d'artichaut pour les transplanter ailleurs ? — Est-ce que les plantes exigent toujours le secours de l'homme pour se multiplier ou se reproduire ? — Comment appelle-t-on les poiriers et les pommiers provenant de graines ? — Quels sont les principaux modes de multiplication des végétaux outre les semis ? — Parlez du bouturage ; — du marcottage. — Qu'est-ce que le provignage ?

TREIZIÈME LEÇON

De la multiplication des arbres fruitiers (SUITE)

La greffe.

51. Quel est le mode de *multiplication* des végétaux dont il nous reste à parler ?

DANIEL. — Monsieur, c'est la *greffe* (fig. 53).

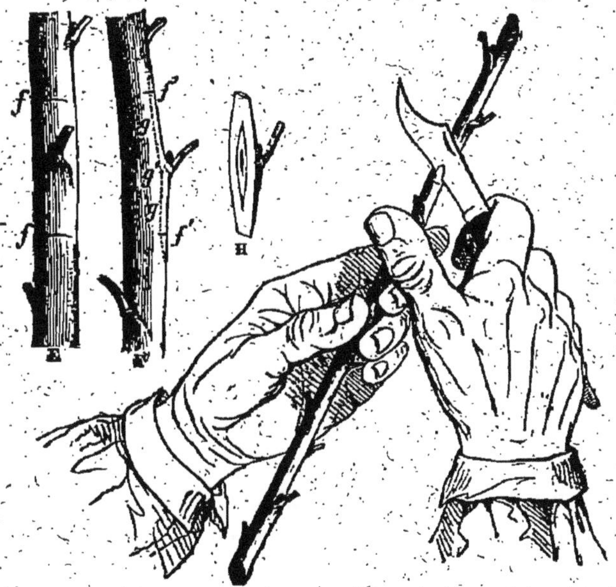

Fig. 53. — La greffe. — *fff'f'*, incisions ; *gg*, coupe du greffon sur le sujet ; *g'*, œil du greffon ; H, greffon.

— Bien. La *greffe* consiste à *implanter* et à faire croître une partie d'un végétal sur un autre végétal.

Le rameau que l'on *implante* doit porter quelques bourgeons, deux, par exemple. On se contente quelquefois d'un seul bourgeon adhérent à un lambeau d'écorce.

Le rameau auquel on donne ainsi comme une nouvelle *mère-nourrice* porte le nom de *greffon*, et la plante qui le reçoit se nomme *sujet*.

Dans les *arbres fruitiers*, le sujet est le plus souvent un *sauvageon*.

La *greffe* a pour but de conserver et de propager rapidement les *bons fruits* et les *belles variétés de fleurs*. Elle sert aussi à faire produire de bons fruits à un végétal qui n'en produisait que de mauvais, et de belles fleurs à une plante qui n'en donnait que de communes.

Le *greffon* et le *sujet* doivent appartenir à la même espèce ou à deux espèces voisines.

Il existe plusieurs sortes de *greffes*, dont les principales sont :

La *greffe en fente ;*

La *greffe en couronne ;*

La *greffe en écusson ;*

La *greffe par approche.*

52. **Greffe en fente.** — Elle est ainsi nommée parce qu'on *fend* (fig. 54) une branche ou la tige du *sujet* sur lequel on veut *implanter* le *greffon*.

ALPHONSE. — Monsieur, j'ai vu souvent *greffer*, moi.

— Eh bien ! dites-nous comment on opère.

ALPHONSE. — On commence par *couper le sujet en travers* avec une scie ; puis on fait une *fente* dans laquelle on met un petit coin en bois pour la tenir ouverte. On prend ensuite une petite branche dont on rogne l'extrémité en ayant soin de lui laisser des *bourgeons* appelés *yeux* ; on la taille par en bas, en l'amincissant, pour l'introduire dans la *fente du sujet*. On lie le tout ensemble avec de la laine, puis on barbouille avec de la *cire à greffer* toutes les parties qui ont été attaquées par les outils.

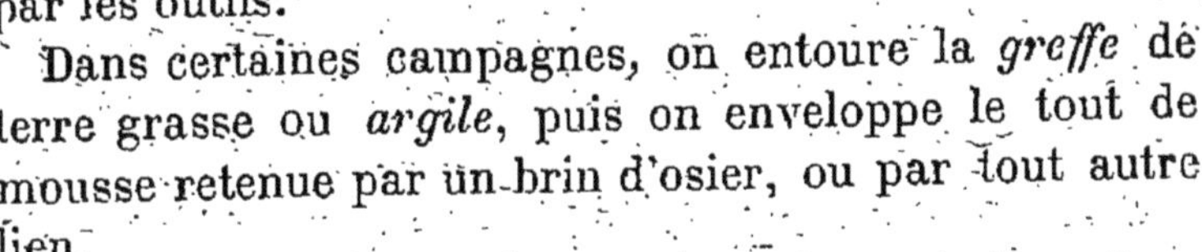

Fig. 54. — Greffe en fente — A, sujet ; BCD, fente ; E, partie supérieure du greffon ; F, partie amincie du greffon ; G, greffon en place.

— C'est cela même. On ligature avec de la laine pour maintenir le greffon en place ; on y met de la cire pour empêcher la chaleur de sécher le bois qui a été mis à nu par les outils.

Dans certaines campagnes, on entoure la *greffe* de terre grasse ou *argile*, puis on enveloppe le tout de mousse retenue par un brin d'osier, ou par tout autre lien.

Il y a encore une précaution à prendre, et dont Alphonse n'a pas parlé.

Il faut que l'écorce du *sujet* et celle du *greffon* soient bien en contact, pour que la sève du premier puisse nourrir le second, et souder les deux parties l'une à l'autre.

53. Greffe en couronne. — La *greffe en couronne* ressemble un peu à celle en fente. Elle est ainsi nommée parce qu'on dispose plusieurs *greffons* autour du *sujet*, et n'est guère pratiquée que sur des tiges ou des branches un peu grosses. On les scie en travers comme dans le premier cas ; puis, sans fendre le bois, on soulève l'écorce sur plusieurs points à l'aide d'un morceau de bois dur taillé en pointe, ou d'un instrument spécial. On enfonce sous chaque partie d'écorce soulevée un *greffon* taillé longuement en forme de *sifflet*, c'est-à-dire en *bec de plume*.

On recouvre encore le tout de *ciré* pour empêcher la dessiccation des parties entamées (fig. 55).

Les *greffes en fente* et *en couronne* sont encore dites *en scion*, parce que, en *arboriculture*, on donne le nom de *scions* aux jeunes pousses des arbres.

Fig. 55. — Greffe en couronne. — A, incision de l'écorce ; B, coupe du sujet ; CC'C'', greffons en place ; D, ligature.

54. Greffe en écusson. — La *greffe* dont nous allons parler à présent réclame de grandes précautions.

On fend l'écorce du *sujet* en long et en travers, de manière à figurer un **T** ; puis, de chaque côté de la *fente* ou *incision*, on passe l'extrémité amincie d'un petit *coin* en bois dur sous l'écorce pour la détacher du bois. Ensuite, on y introduit une plaque d'écorce portant au milieu un *œil* ou *bourgeon*.

Cette plaque d'écorce, qui est le *greffon*, et à laquelle adhère un peu de bois, se nomme *écusson*, d'où le nom donné à ce genre de *greffe*, qui s'appelle *greffe en écusson* (fig. 56).

Celle-ci, comme les autres sortes de greffes, d'ailleurs, se pratique au printemps, ou bien en été, dans les mois de juillet et août.

La greffe en écusson peut encore se faire de la manière suivante : on enlève sur le *sujet* une plaque

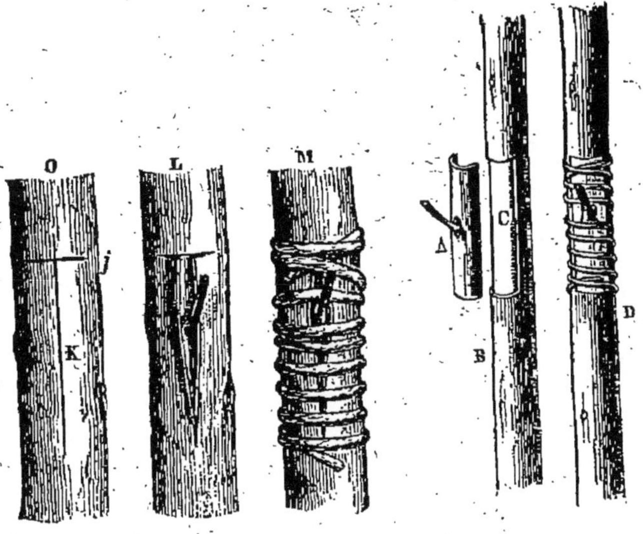

Fig. 56. — Greffe en écusson. — OLM, sujets ; *j*, incision transversale ; K, incision longitudinale ; A, greffon ; B, sujet ; C, place qu'occupait le greffon ; D, greffe terminée.

d'écorce, que l'on remplace par un écusson de même forme et de mêmes dimensions.

55. Greffe par approche. — Je vous ai déjà vus plusieurs fois examiner les osiers du père Mathurin....

GUSTAVE. — Ah ! oui, Monsieur. Ils sont bien curieux. Deux branches ont été *entortillées* ensemble comme pour former une corde. A présent, elles sont tellement soudées qu'elles n'en forment plus qu'une seule.

— C'est cela même. Ce qui s'est produit entre ces

deux branches est encore une sorte de *greffe*, nommée *greffe par approche*.

On la pratique souvent sur les *pommiers en cordon*, situés le long des allées du jardin.

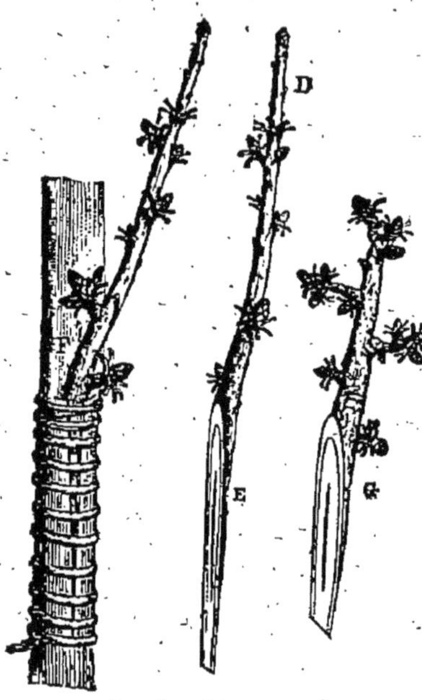

Lorsqu'une tige est suffisamment longue pour toucher à la tige suivante, on *entaille* un peu les deux à l'endroit où elles se touchent ; on les lie ensemble et la *greffe par approche* est faite (fig. 57).

Elle a l'avantage de ne jamais manquer.

Les modes de *greffe* sont nombreux ; mais il vous suffira, pour le moment du moins, de connaître ceux que nous venons d'indiquer, et qui sont de beaucoup les plus employés.

D'ailleurs, les autres n'en sont que des variétés.

Fig. 57. — Greffe par approche. — D, partie supérieure du greffon; EG, partie taillée du greffon; F, greffe terminée.

Résumé. — La greffe consiste à implanter et à faire croître une partie d'un végétal sur un autre végétal.

Le rameau que l'on implante se nomme greffon, et la plante qui le reçoit s'appelle sujet.

Les principales sortes de greffes sont :

La greffe en fente ;

La greffe en couronne ;

La greffe en écusson ;

La greffe par approche.

QUESTIONNAIRE. — En quoi consiste la greffe ? — Qu'appelle-t-on greffon ? — sujet ? — Peut-on greffer indifféremment une espèce sur une autre ? — Quelles sortes de greffes connaissez-vous ? — Pourquoi la greffe en fente est-elle ainsi nommée ? — Faites la description de la greffe en fente. — Parlez de la greffe en couronne, et dites pourquoi on l'appelle ainsi ? — Qu'est-ce que la greffe en écusson ? — Parlez de la greffe par approche. — A quelle époque de l'année pratique-t-on les différentes sortes de greffes ?

QUATORZIÈME LEÇON

Les fruits.

56. A une certaine époque de l'année, généralement au printemps, les arbres, et bien d'autres plantes encore, se couvrent de fleurs.

C'est une belle saison, et qui paraît d'autant plus agréable qu'elle succède au triste hiver.

Les enfants l'aiment beaucoup ; mais il en est une qu'ils préfèrent cent fois.

Auguste. — Oui, Monsieur ; celle des fruits.

— Précisément. On a bien sujet de se réjouir quand, au printemps, on voit les arbres se couvrir de fleurs ; c'est qu'alors on a l'espoir d'y cueillir plus tard des fruits :

Sans fleurs, pas de fruits.

Si, pour le moment, nous laissons de côté certaines *plantes potagères* telles que les pois, les haricots et les fèves, nous pouvons diviser les *fruits* en trois *groupes* ou *catégories*, dont la *pomme*, la *cerise* et le *raisin* nous fourniront des exemples ; ce sont : les *fruits à pépins,* les *fruits à noyau* et les *baies.*

Aujourd'hui, nous parlerons des deux premières *catégories* seulement.

Fruits à pépins.

57. Si nous coupons par le milieu une *pomme* ou une *poire* (fig. 58), nous trouvons à l'intérieur plusieurs petites *graines* nommées *pépins.*

Aussi nomme-t-on ces deux fruits, et tous ceux qui présentent les mêmes caractères, *fruits à pépins*.

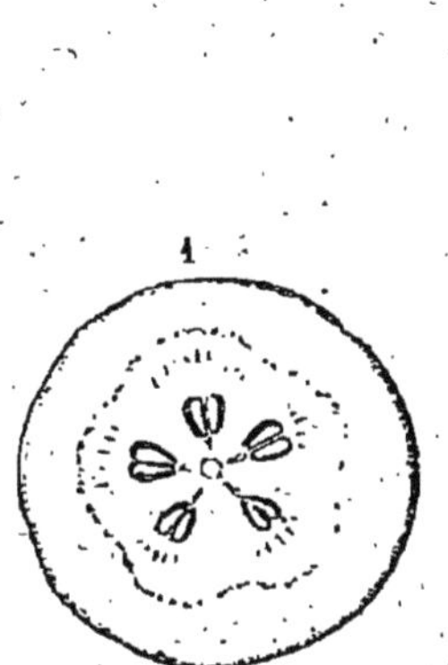
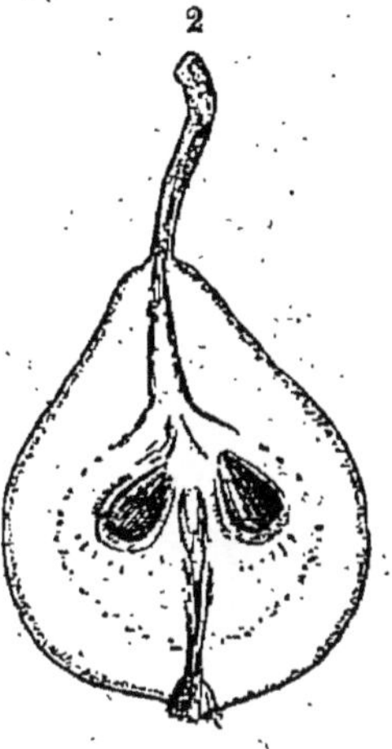

Fig. 58. — Poires. — 1. Poire coupée transversalement ; 2. Poire coupée longitudinalement.

Citez-en quelques-uns, Aristide.

ARISTIDE. — Le *coing* et l'*orange*.

— Bien. Vous savez déjà ce que l'on fait de ces différents fruits. Je n'ai donc pas besoin de vous le dire.

ÉLIE. — On les mange tous.

ADOLPHE. — On fait du *sirop* et de la *confiture* avec le *coing*.

Il y a en toujours chez nous, et aussitôt qu'il y a quelqu'un de malade à la maison, maman lui donne de ce *sirop*.

— Elle a raison, votre mère, mon ami : car le *sirop* de coing est rafraîchissant, et bon pour couper la diarrhée.

La *confiture de coing* a la même propriété.

L'*orange* est également rafraîchissante ; mais elle ne vient que dans les pays chauds. En France, on n'en récolte que dans l'extrême Midi seulement, dans quelques régions privilégiées, sur le bord de la Méditerranée.

Fig. 59. — Pomme.

Quant aux pommes (fig. 59), elles sont employées de bien des manières différentes.

Celles qui sont agréables au goût, se mangent comme *fruits de table*; celles qui sont *acides et amères*, servent à la fabrication d'une boisson appelée *cidre*.

Cette boisson, saine et rafraîchissante, se fabrique principalement en *Bretagne* et en *Normandie*.

Le cidre de Normandie est de beaucoup le plus estimé.

La boisson que l'on fait avec les *poires* se nomme *poiré*.

Par la culture, on a obtenu une foule de variétés de pommes et de poires.

Fruits à noyau.

58. Combien la cerise a-t-elle de graines, Jules?

JULES. — Une seule. C'est un *noyau* (fig. 60).

— C'est exact. Aussi donne-t-on le nom de *fruits à noyau* à tous ceux qui ont, comme la cerise, une seule *graine*, un *noyau*.

Citez-en quelques-uns, Émile.

ÉMILE. — Les *prunes*, les *pêches*, les *amandes*.
— Parfaitement.

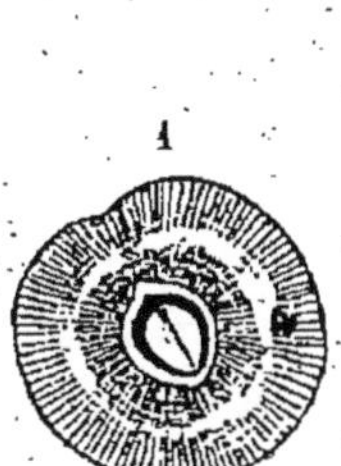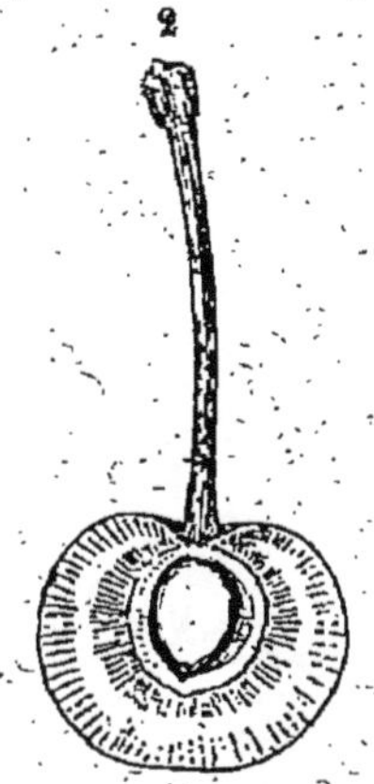

Fig. 60. — Cerises. — 1. Cerise coupée transversalement ; 2. Cerise coupée longitudinalement.

59. Les Prunes. — Les variétés de prunes obtenues par la culture sont assez nombreuses.

Les principales sont : la *reine Claude*, la *prune d'Agen*, la *mirabelle* et la *prune de Damas*.

ÉDOUARD. — Monsieur, qu'appelle-t-on *pruneaux* ?

— Ce sont tout simplement des *prunes séchées au four*.

Le prunier, dont on connaît plus de trois cents variétés, est presque toujours cultivé en plein vent.

60. Les Pêches. — Le *pêcher*, originaire de l'Asie, est un arbre dont les fruits sont assez recherchés. Il réussit parfaitement en plein vent ; aussi le plante-t-on souvent dans les vignes, surtout dans les pays où le climat n'est pas trop froid, en Bourgogne, par exemple. Dans certaines régions, il faut le placer à une bonne exposition. La meilleure est celle du sud-est.

Il y a quatre variétés principales de *pêches* (fig. 61) :

1° Les *pêches proprement dites*, à peau couverte d'un fin duvet, et dont la *chair* se sépare facilement du *noyau*;

Fig. 61. — Pêche.

2° Les *pêches lisses*, dont la *chair* présente les mêmes caractères, mais qui ont la *peau lisse*;

3° Les *brugnons*, qui ont également la *peau lisse*, et dont la *chair* est ferme et adhérente au *noyau*;

4° Les *pavies*, dont la chair est également ferme et adhérente au *noyau*, mais qui ont la peau couverte de duvet comme celle des *pêches proprement dites*.

ANTOINE.—L'abricot n'est-il pas aussi une sorte de pêche ?

—Oui, mon ami. L'*abricotier* est très proche parent des *pêchers* et des *pruniers*, et se cultive de la même manière.

L'*amandier*, dont on ne mange que l'*amande* après avoir cassé le *noyau*, est encore un arbre de la même *famille*.

La *chair du fruit* de l'amandier n'est pas comestible

comme celle des *prunes*, des *pêches* et des *cerises*, dont le *noyau* renferme cependant aussi une *amande*.

JACQUES. — Monsieur, qu'est-ce donc que la *chair* du fruit?

— J'allais justement vous le dire. C'est la partie que nous mangeons habituellement, et qui est immédiatement sous la *peau*.

Enlevez la peau d'une pomme, d'une poire, ou d'une pêche, il reste la *chair* qui entoure les *graines* ou la *graine*, *pépins* ou *noyau*.

On dit encore *pulpe* pour désigner la *chair* de certains fruits, comme dans les *groseilles* et les *raisins*, que nous étudierons dans une autre leçon.

61. Les Cerises (fig. 62) ; **les Nèfles.** — Le *cerisier* est un arbre bien connu de vous tous. Il est cultivé dans toute la France, et se trouve même dans les bois à l'état sauvage.

Fig. 62. — Bouquet de cerises.

On le *palisse* quelquefois dans les *jardins fruitiers*; mais le plus souvent il croît abandonné à lui-même dans les champs et les haies.

CHARLES. — Il y a aussi plusieurs variétés de cerises.

— Oui, mais toutes celles que l'on mange proviennent de deux espèces sauvages. Et ce sont les *merises*, fruits des *cerisiers sauvages* ou *merisiers*, qui servent à fabriquer la *liqueur* qu'on appelle *eau-de-cerise* ou *kirsch* (en allemand *kirsche* veut dire *cerise*).

Le *kirsch* de la *Forêt-Noire*, en *Allemagne*, est très renommé.

Nous avons dit que les fruits à noyau ne renferment qu'une seule graine; mais certains fruits font exception, comme les nèfles qui ont cinq noyaux, et cinq noyaux osseux comme ceux de la pêche et de la cerise.

Les nèfles ne sont bonnes à manger que lorsqu'elles sont *blettes*, c'est-à-dire lorsque leur chair est ramollie.

RÉSUMÉ. — Les fruits produits par les arbres fruitiers du jardin peuvent être divisés en trois catégories :

Les fruits à pépins ;

Les fruits à noyau ;

Les fruits en baie.

Les fruits à pépins sont ceux qui ont plusieurs graines — ou pépins — logées chacune dans une espèce de chambre; tels sont : les pommes, les poires, le coing, l'orange, etc.

Les fruits à noyau sont ceux qui ne renferment qu'une graine nommée noyau, tels que les prunes, les abricots, les pêches, les amandes, les cerises.

Les fruits en baie sont ceux qui ont plusieurs graines disséminées dans la chair nommée pulpe, comme les raisins et les groseilles.

QUESTIONNAIRE. — A quoi reconnaissez-vous qu'un arbre pourra avoir des fruits ? — Qu'appelle-t-on fruits à pépins ? — Citez-en quelques-uns. — A quoi servent les coings ? — Dans quelles régions prospèrent bien les orangers? — Comment peut-on diviser les pommes? — Qu'appelle-t-on cidre? — poiré? — Combien la cerise a-t-elle de graines? — Comment nomme-t-on ces sortes de fruits? — Citez des fruits à noyau. — Quelles sont les principales variétés de prunes? — De quelle manière les pruniers sont-ils le plus souvent cultivés? — D'où nous vient le pêcher? — Comment le cultive-t-on? — Combien connaissez-vous de variétés de pêches? — Qui sont? — Mange-t-on la chair du fruit de l'amandier? — Qu'appelez-vous la chair du fruit? — Que fabrique-t-on avec les cerises? — Quel est le kirsch le plus renommé?

QUINZIÈME LEÇON

Les fruits (SUITE)

Fruits en baie.

62. Dans notre dernière causerie sur *l'horticulture*, nous avons parlé des *fruits à pépins* et des *fruits à noyau.*

Il nous reste encore à étudier ceux de la troisième catégorie, que l'on nomme *fruits en baie*, ou simplement *baies.*

Vous avez, j'en suis bien sûr, déjà mangé des *groseilles à maquereau.* Dites-nous, Emile, si chacun de ces fruits renferme une ou plusieurs graines.

EMILE. — Chaque fruit renferme plusieurs graines. Elles sont très petites et *croquent* sous les dents quand on les écrase.

— Et avez-vous remarqué où sont situées toutes ces petites graines, ces *pépins?*

LUCIEN. — Oui, Monsieur. Elles sont *disséminées* dans la *pulpe* du fruit. Je l'ai vu souvent en m'amusant à couper des groseilles avec mon couteau.

ABEL. — Monsieur, on voit la même chose dans les *grains* de raisin.

— Parfaitement. Eh bien ! tous les fruits dont les graines sont *disséminées* dans la *pulpe* ou *chair*, sont des *fruits en baie.*

Citez-en quelques-uns, Lucien.

Lucien. — La *framboise*, la *fraise*.

— C'est exact. Bien que la *figue* ne soit pas une véritable *baie*, nous la rangerons dans cette catégorie.

63. Les Figues. — Jacques. — Est-ce que le *figuier* (fig. 63) ne fleurit pas? Celui de notre jardin porte des fruits chaque année, et cependant je ne lui ai jamais vu de fleurs.

— Vous me posez là une question qui m'oblige à entrer dans quelques détails.

Le *figuier* fleurit, et ses fleurs sont portées, comme celles de l'*artichaut*, par une sorte de *plateau*. Mais ce *plateau*, au lieu de s'élargir et de prendre la forme d'une *soucoupe* ou d'une *assiette* peu profonde, comme celui de l'artichaut, se relève sur ses bords et se ferme presque entièrement.

Fig. 63. — Branche de figuier.

Il emprisonne ses fleurs, qui, d'ailleurs, sont petites et peu visibles. C'est le plateau lui-même qui est comestible ; c'est lui qui constitue le fruit dont la forme se rapproche de celle de certaines poires.

Il suffit de couper par le milieu une *figue* (fig. 64) assez jeune pour voir les fleurs, dont la couleur n'a rien de brillant.

Fig. 64. — Figue coupée par le milieu.

6.

Les *figues* sont bonnes à manger aussitôt qu'elles sont mûres ; mais on en met *confire* la plus grande partie.

GABRIEL. — Monsieur, que veut dire *mettre confire?*

— Cela veut dire mettre dans un liquide qui *pénètre* et *conserve*. C'est ainsi que l'on conserve des prunes ou des cerises dans l'eau-de-vie, des cornichons dans le vinaigre.

Il faut au *figuier* une température assez élevée.

Il prospère dans le Midi de la France ; mais ne mûrit pas ses fruits dans le Nord de ce pays. Sous le climat de Paris, il demande à être exposé le long d'un mur, au soleil, et même dans l'angle de deux murs exposés l'un au sud et l'autre à l'ouest.

Dans les pays chauds, le *figuier* donne chaque année deux récoltes de fruits. En France, il est bon de supprimer la deuxième pour ne pas épuiser l'arbre.—Le figuier se prête difficilement à la taille ; aussi le laisse-t-on presque toujours pousser en plein vent.

Fig. 65. — Framboisier.

64. Les Framboises. — HENRI. — Monsieur, est-ce que les *framboises* mûrissent dans le Nord de la France ?

— Oui, mon ami. Le *framboisier* (fig. 65), qui est une espèce de *ronce*, n'est pas difficile à cultiver. Il s'accommode de tous les terrains, et ne craint pas trop le froid. Ses tiges sont *annuelles*, mais ses racines sont *vivaces*.

Les *framboises* se mangent crues quand elles ont

atteint leur maturité, et servent aussi à faire des *confitures*.

65. Les Groseilles. — Les *groseilliers* (fig. 66) sont des *arbrisseaux* peu élevés qui croissent dans les bois et sur les montagnes.

Il y en a trois espèces assez répandues dans les jardins, et estimées pour leurs fruits appelés *gro-seilles* :

Fig. 66. — Groseillier.

Le *groseillier à grappes,* dont une variété a les *baies rouges*, et l'autre, *blanches.* Ses fruits servent à faire des *confitures ;*

Le *groseillier noir*, plus connu sous le nom de *cassis,* dont les baies noires sont disposées en *grappes* comme dans le précédent. Ses *baies* sont utilisées pour la fabrication d'une liqueur fort estimée, également nommée *cassis ;*

Le *groseillier épineux*, ainsi nommé parce qu'il porte des *épines*. Il donne de gros fruits allongés, isolés et couverts de poils raides et piquants.

Il est encore appelé *groseillier à maquereau.* Nous avons déjà vu ce mot.

ALFRED. — Mais, Monsieur, il y a aussi un poisson qui s'appelle *maquereau.*

— Oui, et c'est justement le nom du poisson qui est passé au fruit ; car les *fruits verts* de ce *groseillier* sont employés en cuisine pour assaisonner le poisson nommé *maquereau.*

Les *groseilliers* peuvent être laissés en plein vent, ou

taillés. Dans ce dernier cas, on leur donne la forme que l'on veut: on les taille en *candélabre*, en *éventail* et en *vase*.

Résumé. — Comme fruits en baie, outre les raisins et les groseilles, on peut encore citer les figues, les framboises et les fraises.

Les fleurs du figuier ne sont pas visibles sur le plateau qui les porte et les enveloppe de toutes parts.

Le figuier exige, pour croître d'une manière convenable, une température assez élevée, et se prête difficilement à la taille.

Les framboises réussissent assez bien dans toute la France.

Les groseilles prospèrent sans avoir de soins.

Les principales espèces de groseilles sont :

La groseille à grappes à baies rouges ou blanches ;

La groseille noire ou cassis ;

La groseille à maquereau.

Questionnaire. — Nommez des fruits en baie. — Comment les distinguez-vous des fruits à pépins ordinaires ? — Que remarquez-vous pour les fleurs et les fruits du figuier ? — Qu'est-ce que la framboise ? — Quelles sortes de groseilles connaissez-vous ? — Que fait-on avec la groseille-cassis ? — D'où vient le nom de groseille à maquereau ?

SEIZIÈME LEÇON

Les fruits (SUITE)

Fruits en baie (SUITE).

66. **La Vigne et le Raisin.** — Où cultive-t-on la vigne (fig. 67), Alfred ?

ALFRED. — Dans la plaine, sur les coteaux et dans le jardin.

Fig. 67. — Branche de vigne et raisin.

— Quel nom donne-t-on à chaque pied de vigne dans le jardin ?

ALFRED. — Celui de *treille*.

— Et dans la plaine ou sur les coteaux ?

ALFRED. — Je ne sais pas, Monsieur.

— Louis lève la main ; c'est probablement pour répondre à la question. Parlez, mon ami.

LOUIS. — Là, un pied de vigne se nomme *cep*. Je l'ai entendu dire à mon oncle qui en a tout un plein champ.

— C'est cela même. Dans les jardins, la vigne est plantée le long d'un mur ou d'un treillage, auquel on fixe les branches.

Les *fruits*, ou *baies* de la vigne, disposés en *grappes*, s'appellent *raisins*, et servent à faire le vin que vous connaissez tous ; mais le plus souvent ceux des *treilles* sont des variétés cultivées comme fruits de table. Les plus recherchés sont le *muscat* et le *chasselas*.

La couleur des *baies*, vulgairement nommées *grains* ou *graines*, est variable ; mais on cultive surtout le raisin blanc et le raisin noir.

La vigne demande assez de chaleur pour mûrir ses fruits ; aussi ne réussit-elle pas dans le Nord de la France, où le *cidre* et la *bière* remplacent le *vin*.

Comme toutes les plantes que nous venons de passer en revue, la vigne se *multiplie* et se *reproduit* par *boutures*, *marcottes* ou *provins*, et par la *greffe*.

Il est indispensable de la tailler. Sans cette précaution, elle ne donnerait que de tout petits fruits qui mûriraient difficilement.

67. Les Fraises. — A côté des plantes ligneuses dont nous venons d'étudier les fruits, nous pouvons ranger le *fraisier*, qui a des *tiges herbacées* et des *racines*

vivaces, et dont les fruits sont également des *baies* (fig. 68).

Il y a de nombreuses variétés de
fraises, dont les principales sont :
l'*ananas*, la *fraise des quatre saisons*
et celle de *Montreuil*.

La fraise se cultive, comme vous
le savez, dans les jardins et même en
plein champ, et y atteint une certaine
grosseur.

La petite fraise sauvage des bois,
que vous recherchez en juillet dans
les taillis, n'est pas la plus mauvaise.

Fig. 68. — Fraise.

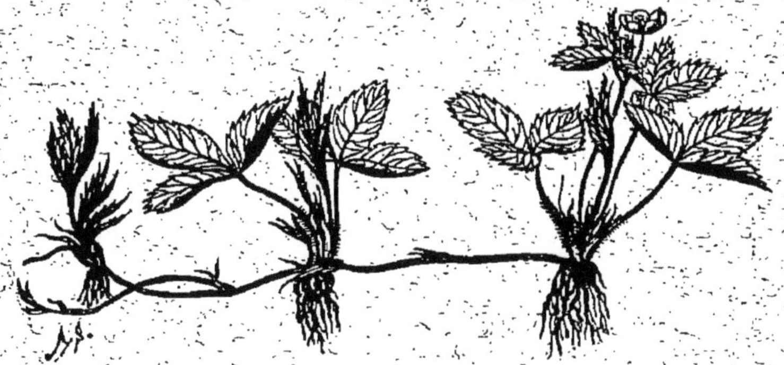

Fig. 68. — Fraisier.

Le fraisier (fig. 6) est d'une culture facile. Il se *marcotte* de lui-même par ses tiges couchées nommées *coulants*.

Le fruitier. — Conservation des fruits.

68. Dans les campagnes, chez le cultivateur, il est
rare de trouver un *fruitier*, c'est-à-dire un bâtiment
disposé pour la conservation des fruits.

Cependant, il est très agréable pour tout le monde, et

souvent même utile pour des malades d'avoir encore des fruits dans la saison où les arbres n'en donnent plus. Aussi est-il bon d'en conserver le plus longtemps possible.

Les *fruits à noyau* se gardent mal. La pêche se gâte au bout d'une semaine ou deux. Les autres ne peuvent se garder, sans se pourrir, que quelques jours.

Parmi les *fruits à pépins*, ce sont les pommes et les poires qui peuvent se conserver le plus facilement et le plus longtemps Il faut avoir soin de les cueillir quand elles sont bien mûres, mais sans attendre que la maturité soit trop complète.

HENRI. — Monsieur, mes parents gardent des fruits très longtemps dans le *cellier*.

— Oui, un cellier, une chambre un peu sombre, une cave saine, voilà les pièces qui peuvent servir de *fruitier*, nom que l'on donne indifféremment au bâtiment et au meuble dans lesquels on conserve les fruits.

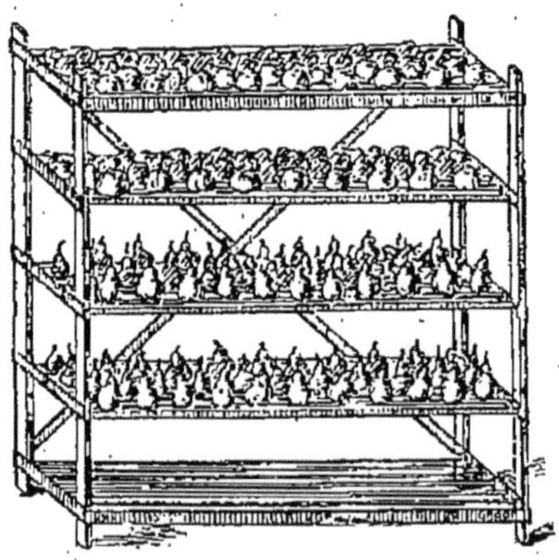

Fig. 70. — Fruitier-meuble.

Après avoir laissé ceux-ci sur un plancher pendant trois ou quatre jours, pour qu'ils perdent une partie de leur eau, on les pose sur des tablettes fixées au mur ou établies sur des montants.

On doit exercer une surveillance attentive sur les tablettes : car un fruit pourri peut faire gâter tous ceux qui sont près de lui. Il est bon d'éviter qu'ils ne se touchent.

On fabrique aujourd'hui des *fruitiers-meubles* (fig. 70).

dont les tablettes sont un treillage composé de baguettes parallèles maintenues par des traverses. Ils ont l'avantage d'être légers et portatifs.

Rien n'est plus facile que cela à établir à la campagne.

69. Conservation du raisin. — Le raisin peut se conserver assez longtemps sur la treille même. Pour cela on le recouvre soit avec des *toiles*, soit avec des *paillassons*.

Il se garde encore bien sur les tablettes du fruitier, posé sur de la fougère sèche, ou bien encore suspendu à des clous au plancher du grenier.

Résumé. — La vigne se cultive dans les plaines, principalement sur les coteaux, et dans les jardins.

Un pied de vigne se nomme cep dans la plaine, et treille dans le jardin.

La vigne se multiplie par boutures, marcottes ou provins, et par la greffe. La vigne doit être taillée tous les ans.

Les principales variétés de fraises sont : l'ananas, la fraise des quatre saisons et celle de Montreuil.

On appelle fruitier le bâtiment et le meuble où l'on conserve les fruits.

Les fruits à pépins se conservent généralement mieux que ceux à noyau.

Le raisin peut être conservé sur le bois de vigne ou coupé.

Questionnaire. — Quelle plante produit le raisin ? — Quel nom donne-t-on à chaque pied de vigne dans le jardin ? — dans la plaine ? — Que fait-on du raisin ? — Quels sont les meilleurs raisins de table ? — Comment la vigne se reproduit-elle ? — Quels soins réclame la vigne ? — Quelles sont les principales variétés de fraises ? — Qu'appelle-t-on fruitier ? — Quelles précautions faut-il prendre pour conserver les fruits ? — Comment conserve-t-on le raisin ?

DIX-SEPTIÈME LEÇON

Jardin et plantes d'agrément.

70. Nous avons parlé longuement du *potager* et du *jardin fruitier*. C'est justice, car on doit toujours s'occuper en premier lieu et le plus longtemps possible des choses utiles. Celles qui sont seulement agréables ne doivent venir qu'en second lieu.

Aussi le proverbe a raison, qui dit : « *l'utile avant l'agréable.* »

Fig. 71. — Vue d'ensemble d'un jardin d'agrément.

Aujourd'hui, nous allons nous occuper du *jardin d'agrément* (fig. 71), dans lequel on cultive les *plantes d'agrément* ou *d'ornement*, c'est-à-dire celles qui sont recherchées uniquement pour le plaisir des yeux, sans être indispensables à la vie de chaque jour.

Il n'est pas défendu de rechercher ce qui est agréable.

Il est même bon que les habitants de la campagne, que les cultivateurs aient quelque chose pour flatter leur regard, et leur faire aimer leur séjour et leur condition qui, si elle n'est pas toujours une des plus douces, est du moins l'une des plus honorables qui existent.

JULES. — Moi, Monsieur, j'aime bien la campagne.

— Vous avez raison, mon petit ami. C'est là qu'on vit le plus en paix et que l'on goûte le plus les charmes de la nature.

Mais revenons à notre sujet.

Les *plantes d'ornement* peuvent être divisées en deux catégories, suivant qu'elles sont cultivées pour la beauté ou le parfum de leurs fleurs ou de leurs feuilles. Les premières sont les *plantes florales;* les autres, les *plantes à feuillage*.

Parmi ces plantes, nous nous contenterons d'en voir seulement quelques-unes, les plus répandues ou les plus curieuses. Elles sont cultivées en *pleine terre* ou en *pots*.

Les unes sont *annuelles*, les autres *bisannuelles*; d'autres enfin sont *vivaces*. Il y a surtout des *herbes*, des *arbustes* et des *arbrisseaux*. Les arbres y sont en très petit nombre.

Les plantes *annuelles* et *bisannuelles* se *reproduisent* généralement par *semis*, de même qu'un certain nombre de *vivaces;* mais la plupart de ces dernières se *repro-duisent* et se *multiplient* par *boutures, marcottes,* et par la *greffe*.

Les plantes de *pleine terre* se cultivent dans le *parterre*.

Ludovic. — Monsieur, qu'est-ce que c'est que le *parterre* ?

— C'est la partie du *jardin d'agrément* réservée aux *plantes florales*.

Si au lieu de placer les plantes séparément on les groupe en *massifs*, on fait ce qu'on appelle des *corbeilles*.

Charles. — Qu'appelle-t-on *massif* ?

— On appelle ainsi un grand nombre de végétaux disposés très près les uns des autres sur un terrain plus ou moins étendu, et de forme variable, le plus souvent arrondie. Ce terrain lui-même prend aussi le nom de *massif*.

On dit que les plantes sont en *plates-bandes*, quand elles sont alignées sur plusieurs rangs près des allées ; en *bordures*, lorsqu'elles ne forment qu'une seule ligne sur le bord des carrés.

Fig. 72. — Culture en pots.

La *culture est dite en pots* (fig. 72) quand les plantes sont placées dans des vases en terre cuite, appelés *pots à fleurs*. Les pots sont quelquefois remplacés par des caisses en bois de grandeurs différentes.

Alphonse. — Pourquoi les *pots à fleurs* sont-ils percés d'un trou au fond ?

— C'est pour que l'*eau d'arrosage*, lorsqu'elle est surabondante, puisse s'écouler : autrement elle ferait pourrir les racines.

Alphonse. — On a donc bien tort de boucher ce trou avec des morceaux de tuile !

— On a raison, au contraire, parce que sans cette précaution l'eau entraînerait la terre qui doit rester autour des racines. Mais le trou n'est pas complètement bouché ; il n'est que recouvert juste assez pour retenir la terre sans arrêter l'eau. C'est ce qu'on appelle le *drainage* du pot.

La terre que l'on met dans les *pots à fleurs* est généralement de la *terre de bruyère*, ainsi nommée parce qu'elle est formée de débris de plantes dont la plupart sont des *bruyères*.

Elle est légère, et l'eau ne l'*encroûte* pas. Elle est quelquefois mélangée de terre ordinaire.

Pour certains végétaux, on se sert de bon *terreau*.

Quelques plantes du jardin d'agrément.

71. Les principales *plan-tes annuelles* et *bisannuelles* cultivées dans le *jardin d'a-grément* sont : la *jacinthe* (fig. 73), le *réséda*, l'*ama-rante*, la *balsamine*, la *gi-roflée*, la *belle-de-jour* et la *belle-de-nuit*, la *rose tré-mière*, la *grande campanule* ou *carillon*.

Les principales *plantes vivaces*, dont la plupart sont *semées* en *pépinière* pendant l'été, et *repiquées* à l'automne ou au prin-temps suivant sont : les *pri-*

Fig. 73. — Jacinthe double.

les *rhododendrons*, les [illegible] [...]
la [illegible] [...]

[...] Le jardin d'agrément [...]
qui a les arbres d'ornement ou d'agrément [...]
Les plantes d'ornement peuvent [...]
[...] en pleine terre ou en pot [...]
[...] vivaces [...] le soleil [...]
[...] enfin sont vivaces [...]
Les plantes annuelles et bisannuelles se renouvellent [...]
[...] par semis; les vivaces peuvent être
multipliées par boutures, marcottes, et par la graine.
Le parterre est la partie du jardin d'agrément consacrée
aux fleurs.

Pour la culture en pots, il faut éviter de boucher complètement le trou du fond du vase, car l'eau ferait pourrir les racines des plantes.

Fig. 75. — Rose mille-feuilles.

QUESTIONNAIRE. — Qu'appelle-t-on plantes d'ornement ? — En combien de catégories peut-on les diviser ? — Se cultivent-elles toutes de la même manière ? — Comment se reproduisent-elles ? — Qu'appelle-t-on parterre ; — massif ; — corbeille ? — Pourquoi les pots à fleurs sont-ils percés d'un trou ? — Qu'appelle-t-on terre de bruyère ? — Citez des plantes d'ornement qui soient annuelles ou bisannuelles ; — vivaces.

DIX-HUITIÈME LEÇON

Les abris.

72. Un certain nombre de plantes du *jardin d'ornement* nous viennent des pays chauds. La plupart d'entre elles craignent le froid, et doivent être mises à l'abri pendant la rude saison d'hiver. Quelques-unes ont même besoin d'abri une grande partie de l'année, sinon toute l'année.

La serre.

73. ALPHONSE. — Ah ! oui, Monsieur, c'est pourquoi il y a une *serre* (fig. 76) au château.

— Justement.

Fig. 76. — Serre.

RAOUL. — Qu'est-ce qu'une *serre ?*

— Alphonse, qui a déjà vu plusieurs fois celle du château, va vous le dire. Répondez à la question de votre camarade, Alphonse.

Alphonse. — La serre est un bâtiment vitré par dessus et d'un côté, dans lequel on met les plantes à l'abri.

— C'est cela même. Le côté vitré doit être exposé au midi. De cette manière, les plantes reçoivent les rayons du soleil, sans lequel la plupart d'entre elles ne sauraient vivre longtemps.

La *serre* est *chauffée* tout l'hiver, et même toute l'année pour certains végétaux.

Pendant les temps froids, on la recouvre de *paillassons* pour mieux garantir les plantes de la température extérieure.

Les végétaux qui ne craignent pas trop le froid peuvent être sortis de la *serre* dès les premiers jours du *printemps*, pour n'y rentrer qu'à l'*automne*.

Quelques-uns doivent toujours être mis en *serre* pendant la nuit, et ne peuvent être en *plein air* que durant le jour, et encore lorsque la température est suffisamment échauffée par les rayons du soleil.

Ceux, au contraire, qui ne peuvent supporter la température du jardin, doivent toujours rester dans la serre.

Abris pour les plantes potagères.

74. Un certain nombre de *plantes potagères*, surtout lorsqu'elles sont encore jeunes et tendres, ont aussi besoin d'*abri*, (fig. 77), pendant l'hiver, contre l'humidité, le froid et la neige. Dans ce cas, on peut faire soimême des *abris* très simples et très économiques.

Fig. 77. — Abri économique.

7.

Il suffit d'une *planche*, d'une *pierre plate* ou d'une *tuile*, posée sur le sol par l'une de ses extrémités, relevée à l'autre, et maintenue ainsi inclinée au moyen de deux petites baguettes en bois.

L'*abri* doit être placé du côté du nord, pour empêcher le vent trop froid d'arriver sur la plante.

Les *abris* peuvent aussi servir à protéger certains végétaux contre le soleil trop ardent de l'été.

Pour protéger du froid les *premiers semis du printemps*, et pour activer la végétation de certaines plantes, on les *met à l'abri* sous des *châssis vitrés* (fig. 78).

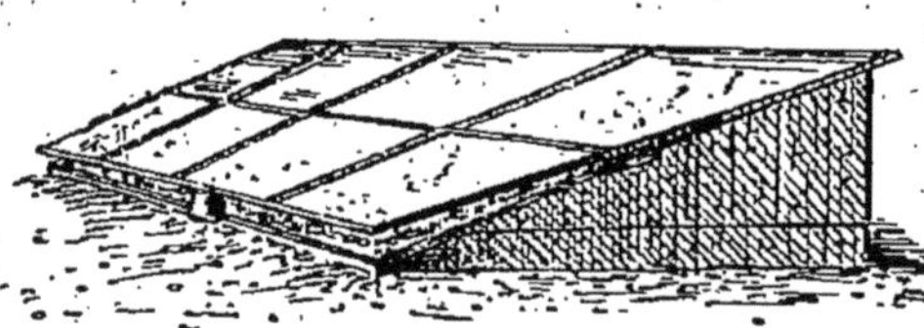

Fig. 78. — Châssis vitré.

HENRI. — Qu'est-ce que c'est que des *châssis vitrés?*

— Ce sont des espèces de *caisses*, larges et longues, peu profondes, plus hautes d'un côté que de l'autre, dépourvues de *fond* et munies d'un *couvercle vitré*.

Fig. 79. — Serre garnie de paillassons.

Les rayons du soleil passent au travers des *carreaux* et vont réchauffer la terre qui se trouve dessous.

Pendant l'hiver, et lorsqu'il fait trop froid, on peut couvrir le *châssis* de *paillassons* (fig. 79), si l'on a des plantes à protéger.

ALPHONSE. — Monsieur, on se sert aussi de grandes *cloches en verre* pour garantir les plantes du froid. C'est ainsi qu'on fait au château.

— Parfaitement. On pose une *cloche* renversée sur les pieds que l'on veut protéger, sur les salades ou sur les jeunes melons, par exemple.

La lune rousse.

75. ALPHONSE. — Papa dit qu'il n'a jamais assez de *cloches* au moment de la *lune rousse*, qui lui gèle presque toujours ses plantes.

GUSTAVE. — Monsieur, qu'est-ce que c'est que la *lune rousse* ?

— On appelle ainsi la *lune* qui commence en mars, et que l'on accuse toujours, mais à tort, de *roussir*, c'est-à-dire de *geler* les plantes.

C'est une erreur encore très répandue, mais qui disparaîtra bientôt, aujourd'hui que tout le monde doit s'instruire et par conséquent se rendre compte des choses.

Cette lune n'est pas plus malfaisante qu'une autre. Mais, au printemps, les bourgeons et les jeunes pousses des plantes sont si tendres qu'il suffit de la moindre *gelée* pour les *roussir*, les *griller*, comme on dit.

Or, vous savez qu'il *gèle* quelquefois jusqu'à une époque avancée de l'année, surtout la nuit et lorsque le temps est clair. On attribue ainsi à tort à la lune un phénomène dans lequel elle n'a aucune part, et on l'accuse sans raison de *roussir* les plantes. C'est le froid seul qui cause ce dégât.

RÉSUMÉ. — Les plantes qui nous viennent des pays chauds craignent généralement le froid, et ont besoin d'abri pour prospérer. On les met alors dans une serre, bâtiment vitré et chauffé en hiver, et quelquefois toute l'année.

Dans les jardins de la campagne, on peut établir des abris à bon marché avec des planches, des tuiles, de la toile, des paillassons, etc.

On se sert habituellement de châssis vitrés et de cloches en verre pour abriter les plantes.

Il ne faut pas croire que la lune rousse ait le pouvoir de geler les plantes.

QUESTIONNAIRE. — Quels soins particuliers réclament dans notre pays certaines plantes des pays chauds? — Qu'est-ce qu'une serre? — Quelles conditions doit remplir une serre? — A quoi servent les paillassons? — Quel genre d'abris peut-on faire quand on n'a pas de serre? — Faites la description des châssis vitrés. — A quoi servent les cloches en verre? — Qu'appelle-t-on lune rousse? — Quel pouvoir lui attribue-t-on? — Pourquoi accuse-t-on la lune rousse d'être malfaisante?

DIX-NEUVIÈME LEÇON

Animaux utiles et animaux nuisibles.

76. Il ne suffit pas de *semer*, d'*arroser* et de *sarcler* les plantes du jardin ; il faut encore les préserver autant que possible des ravages de certains animaux, des *limaces* (fig. 80), par exemple.

ARISTIDE. — Ah ! oui, Monsieur, mais il y a encore d'autres animaux qui mangent les feuilles des plantes, et

Fig. 80. — Limace.

qui en rongent les racines. Je l'ai entendu dire à mon cousin Gaston, qui est à la *ferme-école*.

— Oui, mon ami, ces *êtres* se plaisent à dévorer ce qui a coûté tant de peine au jardinier. Ils nuisent aux récoltes.

HENRI. — Qu'appelle-t-on *ferme-école* ?

— On appelle ainsi une *ferme* où des jeunes gens, comme le cousin d'Aristide, vont pour apprendre l'*agriculture* et l'*horticulture*. C'est une *école* dans une *ferme*.

Bientôt, je l'espère, chaque département aura la sienne.

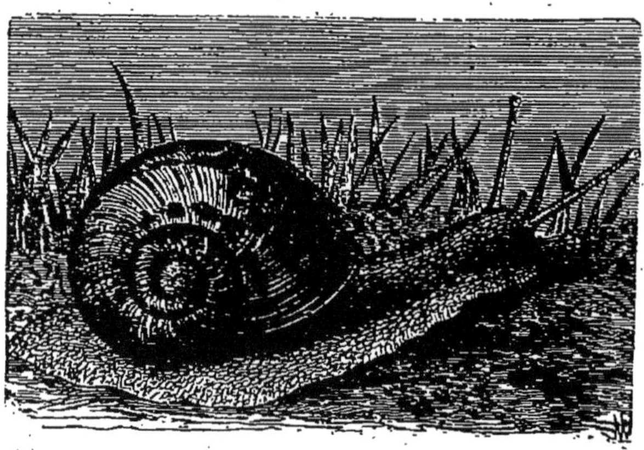

Fig. 81. — Escargot.

Pour en revenir à notre sujet, outre les *limaces*, le jardinier a encore pour ennemis, particulièrement, l'*es-cargot* (fig. 81), la *taupe-grillon*...

MARCEL. — La *petite bête jaune* nommée *jardinière* est utile, elle, puisqu'elle mange d'autres *petites bêtes* qui dévorent les plantes.

— Vous dites la vérité, mon enfant.

En combien de groupes pourrons-nous donc diviser les animaux qui fréquentent le jardin ?

JOSEPH. — En deux, sans doute : les *animaux utiles* et les *animaux nuisibles*.

— Cette division est bonne ; nous la conserverons. Tous les animaux qui nous rendent des services seront placés dans le premier groupe, et tous ceux qui commettent des dégâts, dans le second.

On pourrait cependant faire un troisième groupe, car il y a certains animaux qui tantôt rendent des services, et tantôt commettent des dégâts.

Mais, pour ces derniers, si leurs services dépassent les dégâts qu'ils font, nous les classerons parmi les *animaux utiles*; si, au contraire, ils causent plus de dégâts qu'ils ne rendent de services, nous les classerons parmi les *animaux nuisibles*.

En un mot, nous distinguerons les *amis* et les *ennemis du jardin*.

Les premiers peuvent être appelés nos *auxiliaires* (du latin *auxilium*, qui veut dire *aide*).

Les autres peuvent être désignés sous le nom de *ravageurs*, puisqu'ils ravagent les cultures.

Les ravageurs.

77. Les *ravageurs* de vos récoltes sont vos *ennemis*. Vous devez leur faire une guerre impitoyable.

Pour cela, vous devez les bien connaître et ne pas vous exposer à détruire, par ignorance, ceux dont le secours vous sera précieux contre ces *ravageurs* qui sont si nombreux.

Je ne vous ferai point l'histoire de chacun.

Il y aurait cependant là bien des choses intéressantes à vous dire; mais cela nous entraînerait trop loin.

Il vous suffira de les connaître, de savoir les distinguer à première vue, pour ne pas risquer de les confondre avec les *auxiliaires*.

Aussi, ai-je recueilli les plus communs (1), ceux que

(1) Il est évident que dans chaque localité on devra s'occuper plus spécialement de ceux qui s'y trouvent. Il doit en être ainsi pour tout, pour les plantes comme pour les autres choses. C'est là le côté pratique de l'enseignement.

l'on rencontre à tout instant, pour vous les montrer.
Vous verrez les autres en *gravure*.

Fig. 82. — Mulot.

Commençons par les plus gros.

Parmi les *animaux à quatre pattes* ou *quadrupèdes*, se trouvent les *souris*, les *mulots* (fig. 82) et les *campagnols* (fig. 83), généralement tous désignés sous le nom de *rats*.

Puis viennent les *mollusques* ou *animaux mous*, tels

que les *limaces* et les *escargots*, qui indiquent leur passage par une *traînée gluante*.

Fig. 83. — Campagnols.

La plupart des *ravageurs* sont des *insectes*. Il y a cependant quelques *insectes auxiliaires*.

Nous nous occuperons de ces derniers dans notre prochaine leçon.

LÉVY. — Monsieur, qu'est-ce qu'on appelle des *insectes?*

— Ce sont de *petits animaux à six pattes*, très nombreux partout. Les uns ont *quatre ailes*, les autres *deux*, d'autres enfin pas du tout.

78. Le Hanneton. — ERNEST. — Le *hanneton* (fig. 84) est bien un insecte, n'est-ce pas, Monsieur? Je l'ai entendu dire à mon cousin qui est au collège.

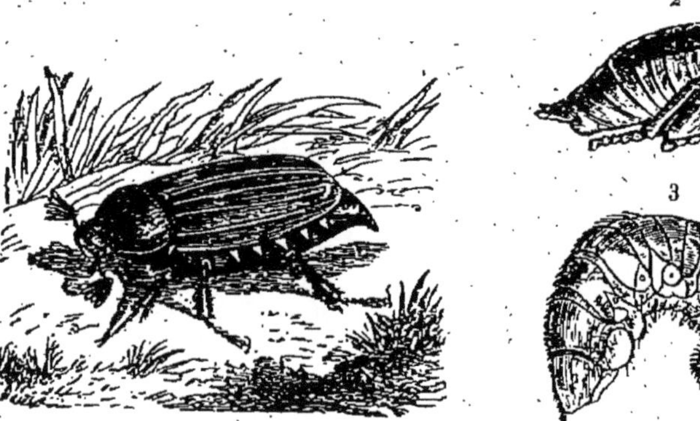

Fig. 84. — Hanneton. — 1. Insecte parfait; 2. Nymphe du hanneton; 3. Larve du hanneton ou ver blanc.

— Oui, le *hanneton* est un *insecte*, et l'un des plus terribles *ravageurs*. Il se montre au printemps et mange les feuilles des *arbres fruitiers.*

Il pond des œufs gros à peine comme la tête d'une épingle, et de chacun desquels il sort un petit ver nommé *larve*. Cette *larve* reste assez longtemps dans la terre avant d'être complètement transformée en *hanneton*, et pendant ce temps elle ronge les racines des plantes. Elle s'attaque souvent aussi aux *pommes de terre.*

GASTON. — C'est peut-être ce que nous appelons un *turc* ?

— Justement. Ce *turc* est plus connu sous le nom de *ver blanc*.

Avant d'être un *insecte parfait*, le *ver blanc* se transforme en *chrysalide* ou *nymphe*, et ressemble ainsi à un animal *emmailloté* ou enfermé dans un *étui*...

Enfin, la *nymphe* devient un *insecte parfait*, un *hanneton* pourvu de *six pattes* et *quatre ailes*.

Mais depuis la ponte de l'œuf jusqu'à la sortie de terre du *hanneton*, il s'écoule de trois à cinq ans, suivant les pays.

Les changements de formes que subit l'animal se nomment *métamorphoses*.

RÉSUMÉ. — Les animaux qui fréquentent le jardin peuvent être divisés en deux groupes : les animaux utiles ou auxiliaires, et les animaux nuisibles ou ravageurs.

Les principaux ravageurs sont les limaces, les escargots, parmi les mollusques ; les souris, les mulots, les campagnols, parmi les quadrupèdes à poil ; et un grand nombre d'insectes, en tête desquels il convient de citer le hanneton.

La larve du hanneton, nommée ver blanc, est un terrible ravageur.

Elle s'attaque principalement aux pommes de terre, dont elle diminue notablement la récolte, en dévorant les tubercules.

QUESTIONNAIRE. — Est-ce que tous les animaux qui vivent dans le jardin doivent être mis au même rang ? — Citez-en qui sont nuisibles ; — d'autres qui sont utiles. — Pourquoi est-il bon de connaître les animaux utiles et les animaux nuisibles ? — Dans quelle catégorie d'animaux se trouvent nos plus nombreux ennemis ? — Combien les insectes ont-ils de pattes ? — Que savez-vous du hanneton ? — Comment s'appelle sa larve ? — Qu'appelle-t-on chrysalide ? — Qu'appelle-t-on métamorphoses ?

VINGTIÈME LEÇON

Animaux utiles et nuisibles (SUITE)

Les ravageurs (SUITE)

79. A côté du *hanneton*, duquel nous avons parlé dans notre dernière leçon, et parmi les *insectes ravageurs*, nous pouvons placer la *courtilière* ou *taupe-grillon*, les *pucerons*, les *papillons*, les *forficules*, que vous connaissez sous le nom de *perce-oreilles*.

80. La Courtilière. — La *courtilière* (fig. 85) se nourrit de *larves* d'insectes, et pourrait être consi-

Fig. 85. — Courtilière ou taupe-grillon.

dérée comme utile, si, en se livrant à ses chasses, elle ne creusait pas des *galeries*, souvent d'une grande étendue, et qui nuisent aux *semis*. De plus, elle coupe les racines des plantes situées sur son passage. Elle commet ainsi des dégâts considéra-bles, et doit être détruite bien qu'elle ne s'attaque que ra-rement aux végé-taux.

81. **Les Puce-rons ; les Forfi-cules.** — On voit souvent, sur cer-

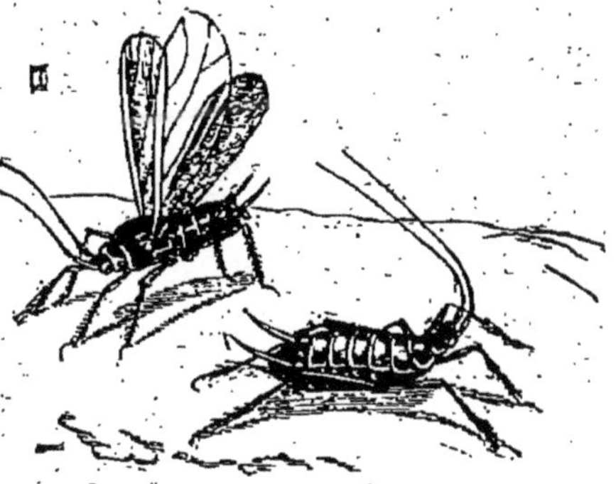

Fig. 86. — Pucerons.

taines plantes, de tout petits *insectes*, de différentes couleurs, appelés *pucerons* (fig. 86). Les uns sont verts, d'autres cendrés, d'autres enfin bleuâtres ou d'une nuance encore différente. Il ne faut pas manquer de les détruire, car ils font beaucoup de mal en suçant la sève des plantes sur lesquelles ils vivent.

Les *forficules* (fig. 87) rongent les boutons des plantes, et pour cela doivent être dé-truites.

Fig. 87. — For-ficule.

82. **Les Papillons et les Chenilles.** — **L'Échenillage.** — Par eux-mêmes, les *pa-pillons* ne sont pas très redoutables ; mais leurs *larves* ou *chenilles* causent de grands ravages sur les arbres fruitiers, sur les choux et sur une quan-tité d'autres végétaux, dont elles dévorent les parties tendres des feuilles.

Le jardinier vigilant doit procéder à l'*échenillage*.

Jules. — Monsieur, qu'est-ce que l'*échenillage* ?

— C'est l'opération qui consiste à détruire les *che-nilles*.

Certains *papillons* déposent leurs œufs, enduits d'une matière gluante, autour des jeunes branches des arbres.

Ces œufs, ainsi disposés en anneau (fig. 88), et de chacun desquels doit sortir une *chenille* (fig. 89) malfaisante, demandent à être détruits avec précaution.

AUGUSTE. — Le garde champêtre a collé, à la porte de la mairie, une grande affiche en haut de laquelle il y a écrit : *échenillage*.

Fig. 83. — Branches portant des anneaux d'œufs de papillon.

— Oui, le gouvernement, soucieux des intérêts de *l'agriculture* et de *l'horticulture*, oblige chaque année

Fig. 89. — Papillon, chenille, chrysalide.

les personnes qui ont des arbres fruitiers ou d'autres plantes, à détruire ces *ennemis acharnés* de nos cultures.

On devrait le faire sans que le gouvernement l'exigeât; mais bien des personnes négligeraient ce travail cependant si utile : voilà pourquoi il y a une *loi qui rend l'échenillage obligatoire*.

Cette opération se pratique généralement au printemps.

Certaines *chenilles*, et ce sont les plus faciles à détruire, s'enveloppent d'une toile qu'elles filent en commun. Pour les détruire, il suffit de couper les parties de branches qui portent ces sortes de nids, et de les brûler.

C'est surtout cet *échenillage* du printemps que la loi rend obligatoire pour les propriétaires d'arbres fruitiers et autres végétaux sur lesquels vivent ces *ravageurs*.

83. **Le Ver de terre.** — A côté des *insectes rava-*

Fig. 90. — Vers de terre.

geurs, il convient de citer le *ver de terre* (fig. 90). Il ne mange point les plantes ; mais en creusant ses galeries étroites, il dérange les *semis* et déracine les jeunes plantes.

Les dégâts qu'il commet ressemblent à ceux de la *courtilière*. Il faut chercher à s'en débarrasser.

On s'y prend généralement mal pour détruire les *vers de terre*. On a la mauvaise habitude, dans certains pays, de les couper par le milieu avec des ciseaux. Or, chaque moitié peut devenir un ver entier.

Ainsi, au lieu de les détruire, on les multiplie.

Le plus sage est de les écraser.

Résumé. — A côté du hanneton, et comme insectes ravageurs, on peut citer la courtilière ou taupe-grillon, les pucerons, les forficules, les papillons, et surtout leurs chenilles.

La courtilière s'attaque peu aux végétaux, mais elle commet d'immenses dégâts en creusant ses galeries.

Les pucerons épuisent les plantes en en suçant la sève.

Les forficules rongent les boutons des plantes.

Les papillons sont surtout nuisibles par leurs larves ou chenilles, qu'il ne faut pas craindre de détruire.

La destruction des chenilles se nomme échenillage.

Le ver de terre ne mange pas les plantes, mais il commet aussi de grands dégâts en creusant ses galeries.

La meilleure manière de le détruire est de l'écraser.

Questionnaire. — Que savez-vous de la courtilière ; — des forficules ? — Les papillons sont-ils bien redoutables par eux-mêmes ? — En quoi consiste l'échenillage ? — Quel est le moyen le plus sûr pour détruire les vers de terre ?

VINGT-UNIÈME LEÇON

Animaux utiles et animaux nuisibles (suite)

Les auxiliaires du jardinier.

84. Nós *auxiliaires* sont beaucoup moins nombreux que nos *ennemis;* nous n'en devons avoir que plus de soin de les protéger, et surtout il faut bien se garder de les détruire.

Détruire nos auxiliaires, c'est multiplier nos ennemis.

Fig. 91. — Hérisson.

Dans les jardins, nous trouvons le *hérisson* (fig. 91)

qui se nourrit d'*insectes* et de *limaces*; les *chauves-souris* qui dévorent aussi beaucoup d'*insectes*; la *taupe* (fig. 92) qui mange des *vers* de toutes sortes, etc. Ce sont là des auxiliaires et des amis.

Maurice. — Je regardais les *taupes* comme des *animaux nuisibles*, car papa cherche à les détruire dans la prairie.

Fig. 92. — Taupe.

— Les *taupes* gâtent, en effet, les prairies en amoncelant la terre qu'elles sortent de leurs galeries, mais en revanche elles détruisent beaucoup de *vers*, qui sont des animaux essentiellement nuisibles.

C'est au jardinier à *peser* leurs services et leurs dégâts, et à voir s'il doit les protéger ou les détruire.

On a tort en général dans les campagnes de considérer la *taupe* comme un *ennemi*, incapable de rendre aucun service.

Il faut aussi respecter les *lézards*, les *grenouilles* et les *crapauds* (fig. 93), qui se nourrissent d'*insectes nuisibles*.

CHARLES. — Comment! le *crapaud* est *utile* ? ce sale animal!

Fig. 93. — Crapaud.

— Mais oui, mon ami. Le *crapaud* est sale et laid, à la vérité; mais cela ne lui ôte pas ses qualités. Il a droit à notre protection. C'est un des plus précieux *auxiliaires* du jardinier.

Les Anglais le savent si bien qu'ils sont venus en acheter en France pour en peupler leurs jardins.

Nous étions bien coupables de les leur vendre, car nous agissions à peu près comme si nous avions acheté des *ravageurs* pour les mettre dans nos jardins.

Jugez à présent jusqu'où peut conduire l'ignorance.

85. **Insectes auxiliaires.** — Si la plupart des insectes sont des *ravageurs*, il y en a cependant, nous l'avons déjà dit, quelques-uns qui sont utiles : tels sont le *carabe doré*, vulgairement appelé *jardinière* (fig. 94), à cause des services qu'il rend dans les jardins, et les *coccinelles*, bien connues de vous sous le nom de *bêtes à bon Dieu*. Ces jolis animaux sont non seulement inoffensifs, mais par les services qu'ils rendent, ils sont

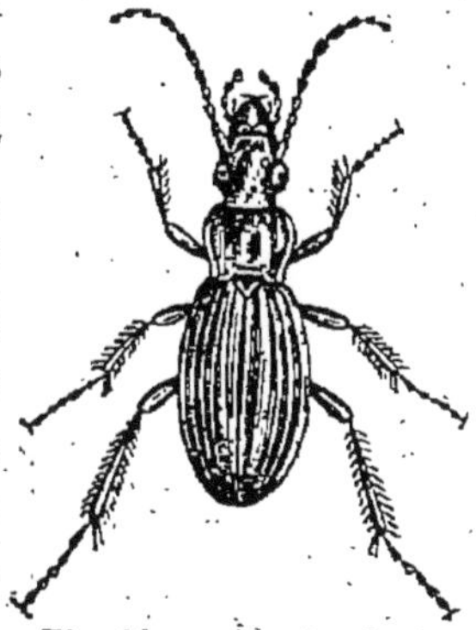

Fig. 94. — Carabe doré ou jardinière.

dignes de la sympathie qu'ils vous inspirent (fig. 95).

Fig. 95. — 1. Coccinelle grossie; 2. Coccinelles sur une feuille.

Les araignées (fig. 96), qui se distinguent des insectes

8.

en ce qu'elles ont *huit pattes* au lieu de *six*, doivent aussi être protégées.

Elles sont toujours dépourvues d'ailes.

Fig. 96. — Araignée.

86. Les oiseaux sont nos auxiliaires. — Qui ne connaît pas les *oiseaux*, dont quelques-uns peuvent être appelés des bijoux de la nature ?

Fig. 97. — Chardonneret.

Ils ne se contentent pas de nous charmer par la mélodie de leur chant pendant toute la belle saison ; ils veillent encore sur nos récoltes ; et sont pour l'homme de précieux *auxiliaires.*

PAUL. — Moi, Monsieur, j'ai toujours entendu dire dans le village que les *oiseaux* sont des animaux nuisibles.

— Plusieurs le sont, en effet, quelquefois, surtout ceux qui se nourrissent de graines et de fruits, comme le *moineau*, le *chardonneret* (fig. 97), la *linotte*, et d'autres encore ; mais cependant certaines personnes les considèrent comme des *auxiliaires*, et prétendent que leurs services dépassent leurs dégâts.

Fig. 98. — Rossignol.

Un grand nombre d'*oiseaux* sont pour nous d'une utilité incontestable. Ce sont ceux qui se nourrissent d'*insectes* ou de *vers*, parmi lesquels il convient de citer le *merle*, la *grive*, la *bergeronnette*, le *rossignol* (fig. 98), la *fauvette*, la *mésange* (fig. 99), le *bouvreuil*, le *rouge-gorge* (fig.

Fig. 99. — Mésange à tête noire.

100), le *roitelet*, l'*hirondelle*, l'*engoulevent*, le *grimpereau*, le *pic*, le *pinson* (fig. 101), le *verdier* (fig. 102), le *hibou*, l'*orfraie* ou *effraie*, et bien d'autres encore.

Tous ces amis de l'homme doivent être protégés, et leurs nids respectés.

MAX. — Mais, Monsieur, on doit toujours bien détruire le *hibou* et l'*orfraie* ?

— Non, mon ami. La funeste habitude que l'on a, dans certaines campagnes, de clouer ces oiseaux sur la porte de la grange ou de l'écurie, est très blâmable. C'est presqu'un crime.

Le hibou et l'orfraie ne sont pas des oiseaux de mauvais augure, comme on se plaît à le dire, mais bien de précieux auxiliaires qui détruisent les rats, nos ennemis.

Fig. 100. — Rouge-gorge.

Pour vous prouver l'*utilité* des *oiseaux*, et celle même du *moineau* qui passe presque partout pour un *terrible ravageur*, et en même temps pour terminer nos causeries sur l'*horticulture*, car c'est aujourd'hui notre dernière leçon , je vais vous raconter une histoire qui vous intéressera assurément.

Il s'agit d'un roi qui déclara la guerre aux moineaux. Vainqueur de ses ennemis, il parut d'abord avoir remporté un grand succès, mais finalement

Fig. 101. — Pinson.

il dut payer les frais de la guerre et se déclarer vaincu.

Ce roi, qui régnait en Prusse, résolut un jour de faire détruire tous les moineaux de son royaume, sous prétexte qu'ils ravageaient les récoltes du pays, notamment les cerises.

On mit donc à prix les têtes de ces oiseaux, c'est-à-dire que pour chaque moineau tué on donnait une certaine somme. Un grand nombre de personnes firent alors une guerre terrible à ces pauvres petites bêtes. On détruisit tous les nids.

Au bout d'un certain temps, le grand roi se trouva débarrassé de ces hôtes incommodes. Tout lui semblait donc aller à merveille. Mais ce n'était pas fini.

Les moineaux détruits, les vers et les insectes de toutes sortes devinrent tellement nombreux que, l'année suivante, les récoltes furent complètement ravagées.

Fig. 102. — Verdier.

Il fallut donc chercher un remède à ce nouveau fléau. On ne trouva rien de mieux que de repeupler le pays de moineaux. Pour cela, on dut en acheter de tous les côtés, et payer des éleveurs.

Ainsi fut vaincu celui qui, tout d'abord, s'était cru vainqueur.

Gardons-nous bien de détruire nos auxiliaires.

RÉSUMÉ. — Les animaux utiles sont beaucoup moins nombreux que les ravageurs ; aussi devons-nous bien nous garder de les détruire.

Les principaux auxiliaires de l'homme sont le hérisson qui se nourrit d'insectes et de limaces ; les chauves-souris, les lézards, les crapauds et les grenouilles, qui font une guerre acharnée aux insectes nuisibles, la taupe qui détruit des vers en quantité.

Parmi les insectes se trouvent quelques espèces utiles,

telles que le carabe doré ou jardinière, les coccinelles ou bêtes à bon Dieu.

Les araignées sont aussi des auxiliaires du jardinier.

Sans craindre de commettre une trop grande erreur, on peut considérer presque tous les oiseaux comme des animaux utiles.

QUESTIONNAIRE. — Nos auxiliaires sont-ils plus nombreux ou moins nombreux que nos ennemis ? — Le hérisson est-il un ennemi ou un auxiliaire ; — et la taupe ; — et les lézards ; — les grenouilles ; — les crapauds ? — Citez des insectes utiles. — Les araignées sont-elles utiles ou nuisibles ? — Les oiseaux sont-ils utiles ? — Citez-en quelques-uns. — Qu'avez-vous à dire de particulier sur le moineau ? — Racontez l'histoire du roi de Prusse vaincu par les moineaux.

FIN.

TABLE DES MATIÈRES

Angers, imprimerie Lachèse et Dolbeau, chaussée Saint-Pierre, 4.